普通高等教育"十一五"国家级规划教材
高等学校环境艺术设计专业教学丛书暨高级培训教材

照明系统设计

清华大学美术学院环境艺术设计系
杜 异 编著

中国建筑工业出版社

图书在版编目（CIP）数据

照明系统设计/杜异编著. —北京：中国建筑工业出版社，1999

（高等学校环境艺术设计专业教学丛书暨高级培训教材）

ISBN 978－7－112－03663－9

Ⅰ. 照… Ⅱ. 杜… Ⅲ. 建筑-照明设计-高等学校-教材 Ⅳ. TU113.6

中国版本图书馆CIP数据核字（1999）第06885号

本书包括14章内容，每章内容如下：光的性质；视觉；照明质量；光源；照明器；住宅照明；办公室照明；宾馆、酒店照明；美术馆、博物馆照明；商业照明；候机厅、候车厅内照明；影剧院照明；学校、图书馆照明；餐饮店照明等。内容新颖，通俗易懂。

本书面向各类高等院校环境艺术设计专业的教师、学生，同时也面向各类成人教育专业培训班的教学，也可作为专业设计师和各类专业从业人员提高专业水平的参考书。

*　*　*

责任编辑：胡明安　姚荣华

普通高等教育“十一五”国家级规划教材

高等学校环境艺术设计专业教学丛书暨高级培训教材

照明系统设计

清华大学美术学院环境艺术设计系

杜　异　编著

*

中国建筑工业出版社出版、发行（北京西郊百万庄）

各地新华书店、建筑书店经销

北京建筑工业印刷厂印刷

*

开本：880×1230毫米　1/16　印张：$7\frac{3}{4}$　插页：2　字数：244千字

1999年6月第一版　2020年1月第十七次印刷

定价：**19.00**元

ISBN 978-7-112-03663-9

(9188)

编者的话

自从1988年国家教育委员会决定在我国高等院校设立环境艺术设计专业以来，这个介于科学和艺术边缘的综合性新兴学科已经走过了十年的历程。

尽管在去年新颁布的国家高等院校专业目录中，环境艺术设计专业成为艺术设计学科之下的专业方向，不再名列于二级专业学科，但这并不意味环境艺术设计专业发展的停滞。

从某种意义上来讲也许是环境艺术设计概念的提出相对于我们的国情过于超前，虽然十年间发展迅猛，在全国数百所各类学校中设立，但相应的理论研究滞后，专业师资与教材奇缺，社会舆论宣传力度不够，导致决策层对环境艺术设计专业缺乏了解，造成了目前这样一种局面。

以积极的态度来对待国家高等院校专业目录的调整，是我们在新形势下所应采取的唯一策略。只要我们切实做好基础理论建设，把握机遇，勇于进取，在艺术设计专业的领域中同样能够使环境艺术设计在拓宽专业面与融汇相关学科内容的条件下得到长足的进步。

我们的这一套教材正是在这样的形势下出版的。

环境艺术设计是一门新兴的建立在现代环境科学研究基础之上的边缘性学科。环境艺术设计是时间与空间艺术的综合，设计的对象涉及自然生态环境与人文社会环境的各个领域。显然这是一个与可持续发展战略有着密切关系的专业。研究环境艺术设计的问题必将对可持续发展战略产生重大的影响。

就环境艺术设计本身而言，这里所说的环境，是包括自然环境、人工环境、社会环境在内的全部环境概念。这里所说的艺术，则是指狭义的美学意义上的艺术。这里所说的设计，当然是指建立在现代艺术设计概念基础之上的设计。

“环境艺术”是以人的主观意识为出发点，建立在自然环境美之外，为人对美的精神需求所引导，而进行的艺术环境创造。如大地艺术、人体行为艺术由观者直接参与，通过视觉、听觉、触觉、嗅觉的综合感受，造成一种身临其境的艺术空间，这种艺术创造既不同于传统的雕塑，也不同于建筑，它更多地强调空间氛围的艺术感受。它不同于我们今天所说的环境艺术，我们所研究的环境艺术是人为的艺术环境创造，可以自在于自然界美的环境之外，但是它又不可能脱离自然环境本体，它必须植根于特定的环境，成为融汇其中与之有机共生的艺术。可以这样说，环境艺术是人类生存环境的美的创造。

“环境设计”是建立在客观物质基础上，以现代环境科学研究成果为指导，创造生态系统良性循环的人类理想环境，这样的环境体现于：社会制度的文明进步，自然资源的合理配置，生存空间的科学建设。这中间包含了自然科学和社会科学涉及的所有研究领域。因此环境设计是一项巨大的系统工程，属于多元的综合性边缘学科。

环境设计以原在的自然环境为出发点，以科学与艺术的手段协调自然、人工、社会三类环境之间的关系，使其达到一种最佳的运行状态。环境设计具有相当广的涵义，它不仅包括空间环境中诸要素形态的布局营造，而且更重视人在时间状态下的行为环境的调节控制。

环境设计比之环境艺术具有更为完整的意义。环境艺术应该是从属于环境设计的子系统。

环境艺术品也可称为环境陈设艺术品，它的创作是有别于艺术品创作的。环境艺术品的概念源于环境艺术设计，几乎所有的艺术与工艺美术门类，以及它们的产品都可以列入环境艺术品的范围。但只要加上环境二字，它的创作就将受到环境的限定和制约，以达到与所处环境的和谐统一。

为了不使公众对环境设计概念的理解产生偏差，我们仍然对环境设计冠以“环境艺术设计”的全称，以满足目前社会文化层次认识水平的需要。显然这个词组包括了环境艺术与设计的全部概念。

中央工艺美术学院环境艺术设计专业是从室内设计专业发展变化而来的。从五六十年代的室内装饰、建筑装饰到七八十年代的工业美术、室内设计再到八九十年代的环境艺术设计，时间跨越四十余年，专业名称几经变化，但设计的对象始终没有离开人工环境的主体——建筑。名称的改变反映了时代的发展和认识水平的进步。以人的物质与精神需求为目的，装饰的概念从平面走向建筑空间，再从建筑空间走向人类的生存环境。

从世界范围来看，室内装饰、室内设计、环境艺术、环境设计的专业设置与发展也是不平衡的，认识也是不一致的。面临信息与智能时代的来临，我们正处在一个多元的变革时期，许多没有定论的问题还有待于时间和实践的检验。但是我们也不能因此而裹足不前，以我们今天对环境艺术设计的理解来界定自身的专业范围和发展方向，应该是符合专业高等教育工作者的责任和义务的。

按照我们今天的理解，从广义上讲，环境艺术设计如同一把大伞，涵盖了当代几乎所有的艺术与设计，是一个艺术设计的综合系统。从狭义上讲，环境艺术设计的专业内容是以建筑的内外空间环境来界定的，其中以室内、家具、陈设诸要素进行的空间组合设计，称之为内部环境艺术设计；以建筑、雕塑、绿化诸要素进行的空间组合设计，称之为外部环境艺术设计。前者冠以室内设计的专业名称，后者冠以景观设计的专业名称，成为当代环境艺术设计发展最为迅速的两翼。

广义的环境艺术设计目前尚停留在理论探讨阶段，具体的实施还有待于社会环境的进步与改善，同时也要依赖于环境科学技术新的发展成果。因此我们在这里所讲的环境艺术设计主要是指狭义的环境艺术设计。

室内设计和景观设计虽同为环境艺术设计的子系统，但从发展来看室内设计相对成熟。从本世纪60年代以来室内设计逐渐脱离建筑设计，成为一个相对独立的专业体系。基础理论建设渐成系统，社会技术实践成果日见丰厚。而景观设计的发展则相对落后，在理论上还有不少界定含混的概念，就其对“景观”一词的理解和景观设计涵盖的内容尚有争议，它与城市规划、建筑、园林专业的关系如何也有待规范。建筑体以外的公共环境设施设计是环境设计的一个重要部分，但不一定形成景观，归类于景观设计中也不完全合适，所以对景观设计而言还有很长一段路要走。因此我们这套教材的主要内容还是侧重于室内设计专业。

不管怎么说中央工艺美术学院环境艺术设计系毕竟走过了四十余年的教学历程，经过几代人的努力，依靠相对雄厚的师资力量，建立起完备的教学体系。作为国内一流高等艺术设计院校的重点专业，在环境艺术设计高等教育领域无疑承担着学术带头的重任。基于这样的考虑，尽管深知艺术类教学强调个性的特点，忌专业教材与教学方法的绝对统一，我们还是决定出版这样一套专业教材，一方面作为过去教学经验的总结，另一方面是希望通过这套书的出版，促进环境艺术设计高等教育更快更好地发展，因为我们深信21世纪必将是世界范围的环境设计的新世纪。

中央工艺美术学院环境艺术设计系

1999年3月

目 录

第1章 光的性质

第2章 视觉

第3章 照明质量

第4章 光 源

第5章 照明器

第6章 住宅照明

第7章　办公室照明

第8章　宾馆、酒店照明

第9章　美术馆、博物馆照明

第10章　商业照明

第1章 光的性质

1.1 光的性质

光是能量的一种存在形式，当一个物体（光源）发射出这种能量，即使没有任何中间媒质，也能向外传播，这种能量的发射和传播过程，就称为辐射。当光在一种介质（或无介质）中传播时，它的传播路径是直线，称之为光线。

光在传播过程中主要是显示出波动性，而在光与物质的相互作用中，主要显示出微粒性，即光具有波动性和微粒性二重性。

光是以电磁波的形式进行传播的，不同的电磁波在真空中的传播速度虽然相等，但它们的振动频率ν（Hz）和波长λ（m）各不相同，将各电磁波按波长（或频率）依次排列，可画出电磁波波谱图（图1-1）。

波长的计量单位为纳米，它等于十亿分之一米，单位为nm。从图1-1中可以看到，可见光在其中占极狭窄的一段。可见光与其它电磁波最大的不同是它作用于人的肉眼时能够引起人的视觉。可见光的波长范围约为380～780nm。不同波长的可见光会引起人的不同色觉，将可见光展开（380～780nm），依次呈现紫、蓝、青、绿、黄、橙、红色。

波长约为10～380nm的电磁波叫紫外线，波长约为780nm～1mm的电磁波叫红外线。

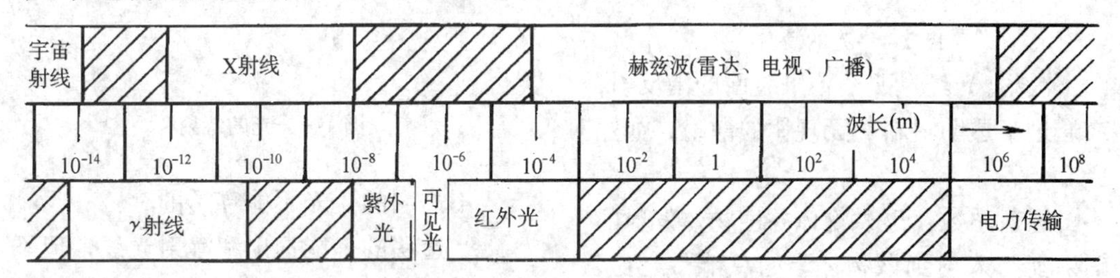

图1-1 电磁波波谱图

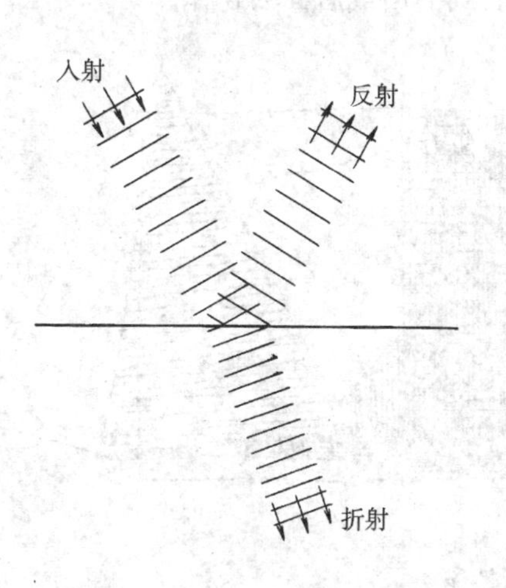

图1-2 光的入射、反射和折射

光是由很小的微粒组成的，叫光量子，简称光子。自然界中光的吸收、散射及光电效应等，都是光子与物质相互作用的结果。

入射：光线投射到表面为入射，如图1-2。

反射：光线或辐射热投射到表面以后又返回的现象，称为反射，如图1-2。

折射：当光线倾斜地从一个介质射入另一个介质时改变光线的方向，在两种介质中光线的传播速度不同，如图1-2。

反射定律：当光线或声波被光滑表面反射时，入射角等于反射角，入射光线、反射光线和表面的法线都在同一平面内。

入射角：当光线射到表面上时，该光线与入射点处表面的法线形成的夹角，称为入射角，如图 1-3。

反射角：反射的光线与入射点处反射表面的法线形成的夹角，称为反射角，如图 1-3。

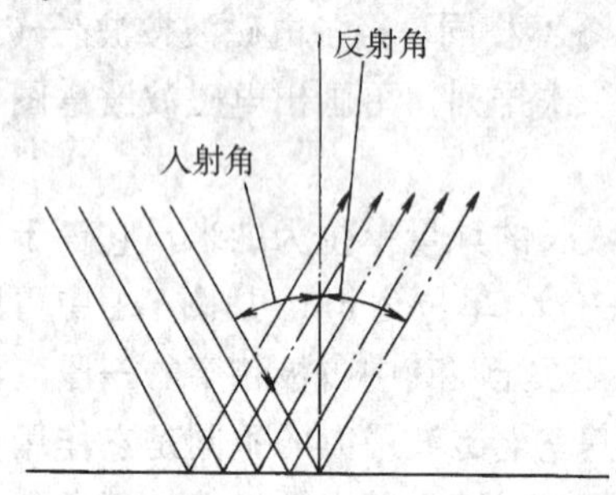

图 1-3　光的入射角和反射角

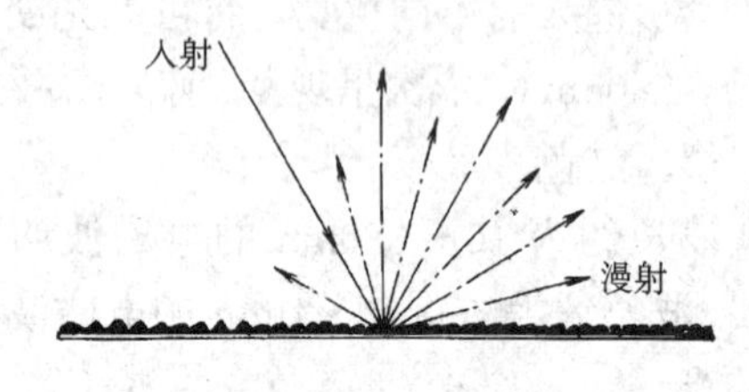

图 1-4　光的漫射

漫射：光经过凹凸不平表面的漫反射，或通过半透明材料的无规律的散射，如图 1-4。

透射系数：透过物体并由物体发射的辐射能与入射到该物体上的总能量之比，相当于 1 减吸收系数。

反射系数：表面反射的辐射能与入射到该表面上的总辐射能之比。

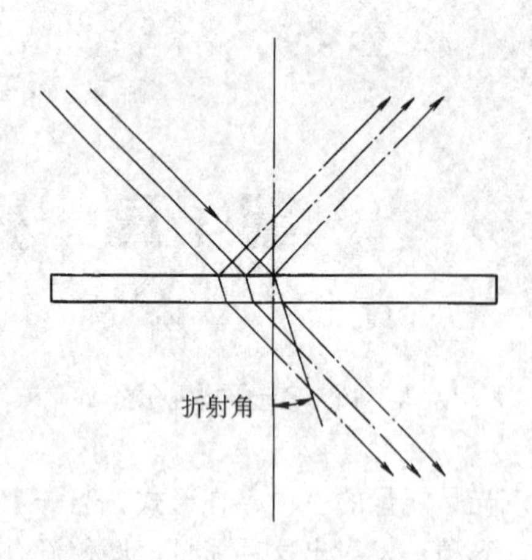

图 1-5　光的折射角

吸收系数：表面吸收的辐射能与入射到该表面上的总辐射能之比。

折射角：折射的光线与入射点处两种介质交界面的法线形成的夹角，如图 1-5。

绕射：当光波或声波发生弯曲绕过障碍物时，光波或声波的调整，如图 1-6。

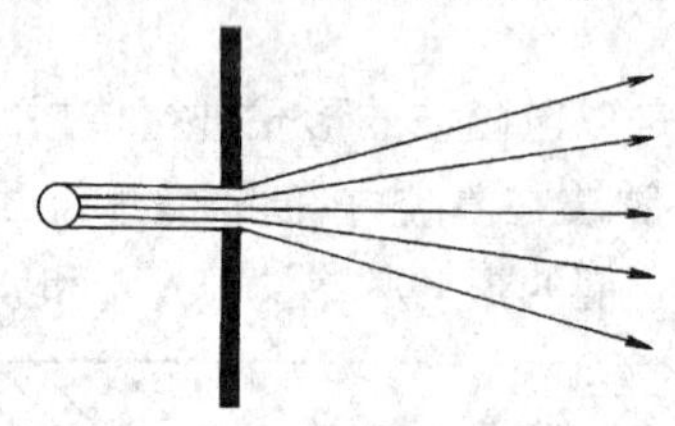

图 1-6　光的绕射

不透明的：光不能穿透的。

半透明的：能透射和漫射光线，但不能看清另一面的物体。

透明的：能够透射光线，因此能清楚地看到前面或后面的物体。

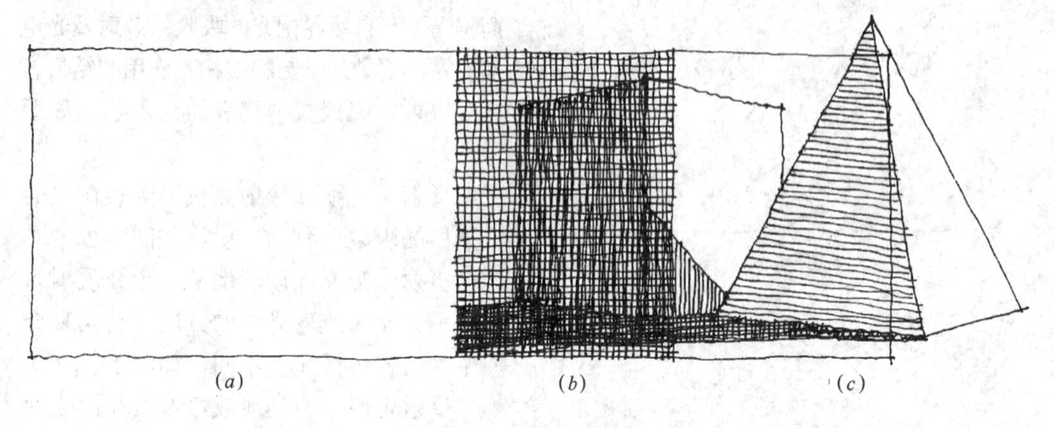

图 1-7　光的透射性能

(a) 不透明的；(b) 半透明的；(c) 透明的

1.2　光的度量

在照明设计和评价时，必然会遇到光的定量分析、测量和计算，因此有必要介绍一下光的一些物理量。

辐射通量：光源在单位时间内发射或接收的辐射能量，或在某种介质（也可能是真空）中单位时间内传递的辐射能量称为辐射通量。符号：Φ_e，单位：瓦特（W）。

光通量：光源的光输出量，实质是用眼睛来衡量光的辐射通量。符号：Φ_v，单位：流明（lm）。

发光效率：单位辐射通量所产生的光通量，称之为发光效率。单位：流明每瓦（lm/W）。

立体角：以 O 点为原点作一射线，该射绕围绕原点在空间运动，且最终仍回到初始位置，射线扫过形成一个锥面，该锥面所包围的空间称为立体角。符号：dΩ，单位：球面度（sr），如图 1-8。

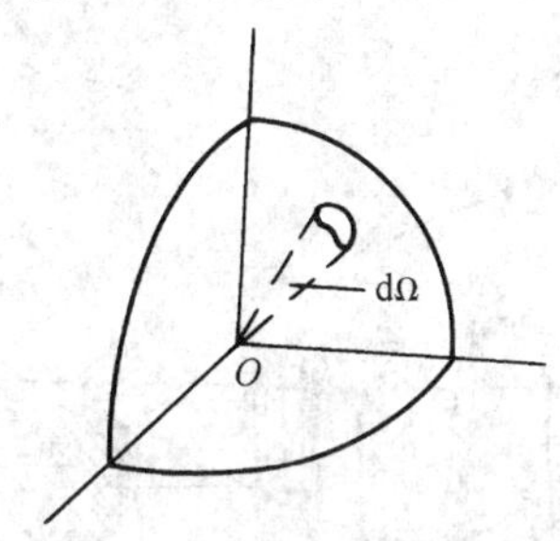

图 1-8　立体角

发光强度：光源在指定方向上单位立体角内发出的光通量，或称之为光通量的立体角密度发光强度简称光强。符号：I，单位：坎德拉（cd）。

照度：光通量和光强主要表征光源或发光体发射光的强弱，而照度是用来表征被照面上接收光的强弱，被照面单位面积上接受的光通量称为照度。符号：E，单位：勒克斯（lx）或流明平方米（$1m/m^2$）。

各种环境条件下被照表面的照度见表 1-1。

各种环境条件下被照表面的照度　　表 1-1

被照表面	照度（lx）	被照表面	照度（lx）
朔日星夜地面上	0.002	晴天采光良好的室内	100～500
望日月夜地面上	0.2	晴天室外太阳散射光下的地面上	1000～10000
读书所需最低照度	>30	夏日中午太阳直射的地面上	100000

亮度：表征发光面或被照面反射光的发光强弱的物理量。符号：L，单位：坎德拉每平方米（尼特）（cd/m^2）或坎德拉每平方厘米（cd/cm^2）。

亮度的其它单位还有：熙提 sb，亚熙提 asb，朗伯 la，尼特 nt，英尺朗伯 ft-la。

几种发光体的亮度值，如表 1-2。

光的几种特性如图 1-9。

几种发光体的亮度值　　表 1-2

发光体	亮度(cd/m^2)	发光体	亮度(cd/m^2)
太阳表面	2.25×10^9	从地球表面观察月亮	2500
从地球表面（子午线）观察太阳	1.60×10^9	充气钨丝白炽灯表面	1.4×10^7
晴天的天空（平均亮度）	8000	40W 荧光灯表面	5400
微阴天空	5600	电视屏幕	1700～3500

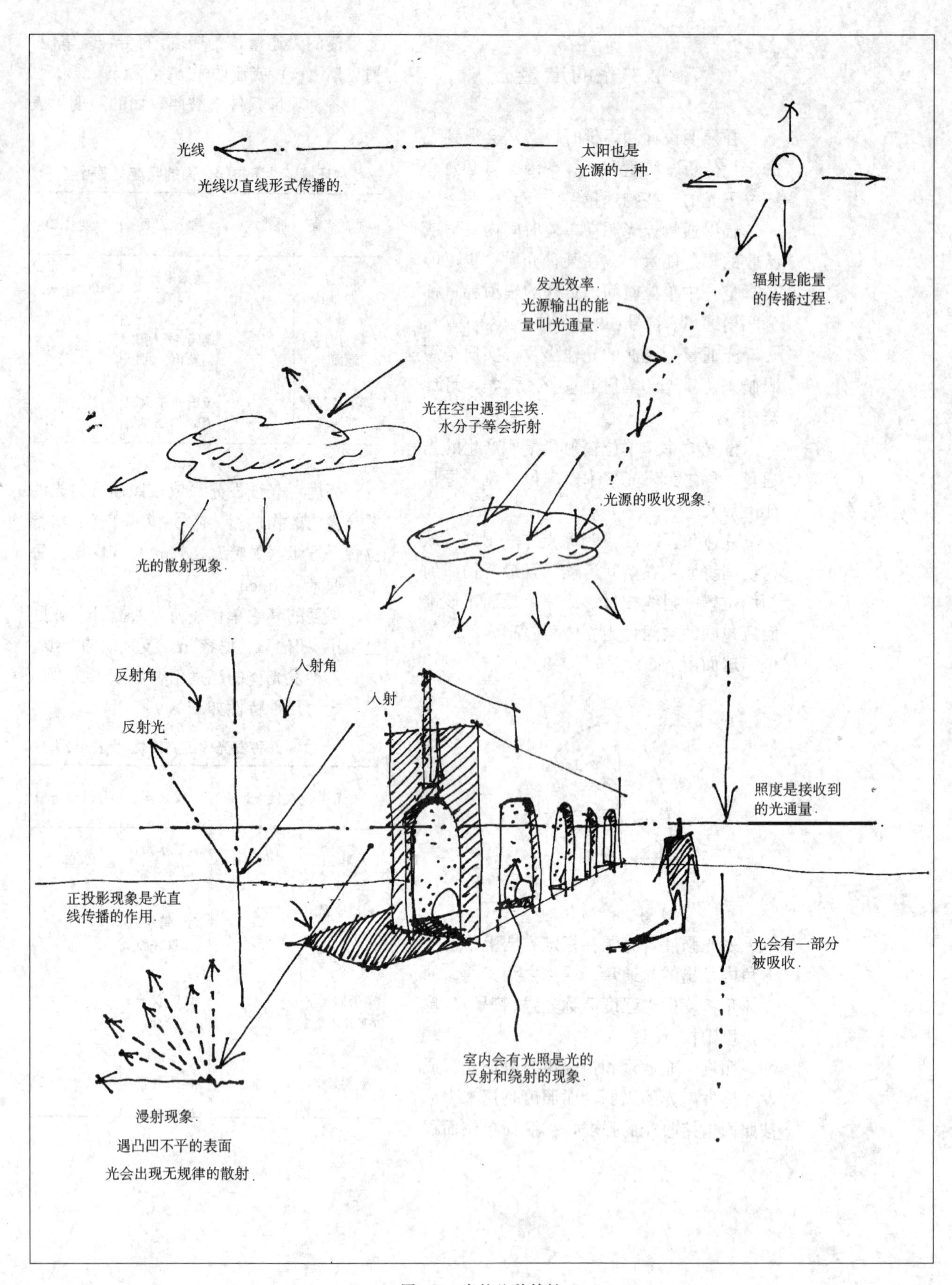
光线
光线以直线形式传播的.
太阳也是
光源的一种.
发光效率.
光源输出的能
量叫光通量.
辐射是能量
的传播过程.
光在空中遇到尘埃.
水分子等会折射
光源的吸收现象.
光的散射现象.
反射角
入射角
入射
反射光
照度是接收到
的光通量.
正投影现象是光直
线传播的作用.
光会有一部分
被吸收.
室内会有光照是光的
反射和绕射的现象.
漫射现象.
遇凸凹不平的表面
光会出现无规律的散射.

图 1-9　光的几种特性

第2章 视　　觉

光射入人的眼睛后产生了视觉，使人能够看到物体的形状、色彩和物体的运动，并通过光照作用所产生的明暗关系，使人感受到物体的立体感、质感、空间变化和色彩的变化。可见人是依赖于光的，并且光也要通过人的视觉而表现它的功能和作用。我们只有对光进行合理科学的设计，才能满足人的生理和心理的需求，所以应从视觉入手研究，方能得到合理光环境设计的正确依据。

2.1　识别阈限

图 2-1　伦勃朗的油画（戴头盔的男人）

伦勃朗的名画《戴头盔的男人》所表现的是一名武士在黑暗而混沌的环境中，面部流露出的坚忍与果敢的神情。金属头盔和面部的表情在同一光线下所表现出的清晰度不同，可以说画中面部的处理已达到了亮度阈限的最低限。

视觉系统极其复杂，它有很大的自调能力，但这种能力有一定限度。例如视觉器官可以在很大的强度范围内感受到光的刺激，但也有一个最低的限度，当低于这一限度时，就不再能引起视觉器官对光的感觉了。能引起光觉的最低限度的光量，就称为视觉识别的阈限，一般用亮度来度量，故又称为亮度阈限。

视觉的亮度阈限与诸多因素有关。如与目标物的大小有关，目标越小，亮度阈限越高，目标越大，亮度阈限越低；与目标物发出光的颜色有关，对波长较长的光，如红光、黄光，亮度阈限值要低些，对波长较短的光，如蓝光，阈限值要高些；与观察时间有关，目标呈现时间越短，亮度阈限值就越高，呈现时间越长，亮度阈限值就越低。一般说来，亮度超过 $10^6 cd/m^2$ 时，视网膜可能被灼伤，所以人只能忍受不超过 $10^6 cd/m^2$ 的亮度。

2.2　视　　力

视力定性含义是眼睛区分精细部分的能力。视力定量含义是指人眼能够识别分开的两个相邻物体的最小张角 D 的倒数 $(1/D)$。

2.3　对比灵敏度

眼睛要辨别目标物，实际上需要把它与相邻的背景作比较才能实现，目标物与背景之间要有一定的差异，才容易被辨认。这种差异有两种，一种是目标物与背景具有不同的颜色；另一种是目标物与背景具有不同的亮度。

亮度对比（符号：C）为被识别对象的亮度（符号：L_0）和其背景亮度（符号：L_b）之差与背景亮度之比。即：

$$C=\frac{L_0-L_b}{L_b}$$

2.4 识别速度

光线进入眼睛，作用于视网膜并形成视觉，是需要一定时间的。识别速度是指看到物体到识别出它的外形所需时间（一般用秒计算）的倒数，即 $1/t$。识别速度与照明有直接关系，良好的照明条件可以缩短形成视觉所需的时间，即提高了视觉识别速度，从而提高了工作效率。

识别速度与目标物尺寸（即视角大小）、亮度对比、环境亮度（或背景亮度）有关。在一定的环境亮度下，物体越大，识别速度越快；而亮度对比变大时，识别速度也会变大；当物体尺寸一定时，提高亮度可以提高识别速度和准确度。合理的照明水平为150lx。当亮度对比下降或物体变小时，维持原视觉水平所需照明的水平也需提高。

视力、对比灵敏度和识别速度这三项与视觉机能有着密切的联系，而环境的亮度对它们会产生直接的影响。例如，一间照明不好的房间只要一开灯，人的视觉机能立即会得到改善。

2.5 明适应

眼睛不但在直射阳光下能看见物体，在月光下也能看清物体，这是因为通过瞳孔的大小变化来调节视觉，而且人眼还会大幅度地增强视网膜的灵敏度，在亮处用锥体细胞，在暗处用杆体细胞，使这两种视觉细胞分别起作用。

当视觉环境内亮度有较大幅度变化

图 2-2　识别物体所需时间

识别某一物体所需要的时间是由物体大小、亮度、明暗对比等因素来决定的。

时，视觉对视觉环境内亮度变化的顺应性就称为适应。例如，当人从黑暗处进入明亮的环境时，最初会感觉到刺眼，而且无法看清周围的景物，但过一会儿就可以恢复正常的视力，这种适应叫明适应。

明适应所需时间很短，约 1min 左右。

2.6 暗适应

人从明亮的环境进入暗处时，在最初阶段将什么都看不见，逐渐适应了黑暗后，才能区分周围物体的轮廓，这种从亮处到暗处，人们视觉阈限下降的过程就称为暗适应。一般人要在暗处逗留 30～40min，视觉阈限才能稳定在一定水平上。

所以在空间照明设计时，要考虑到人的明适应和暗适应因素，加强过渡空间和过渡照明的设计才能使人的视觉达到舒适的程度，如图 2-3。

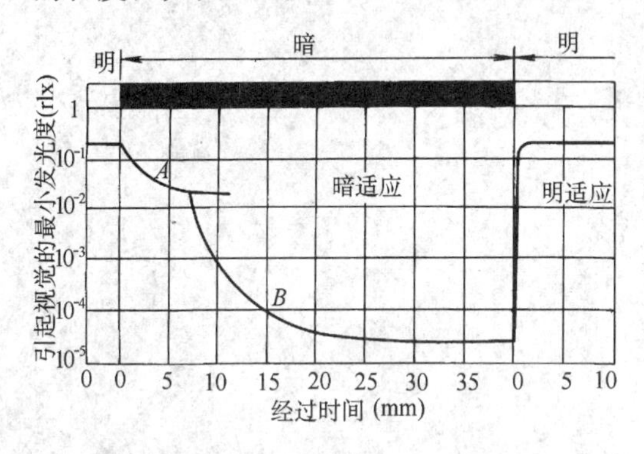

图 2-3 明适应和暗适应

2.7 视野

人的视觉有一定的范围，称之为视野或视场。在正常亮度范围内人的视野将随亮度的提高而增大，但当亮度过高时，由于瞳孔的缩小反而会使视野变窄。同时视野还随颜色、对比、物体的动或静、物体的大小以及人种等不同而变化。如图 2-4，图 2-5。

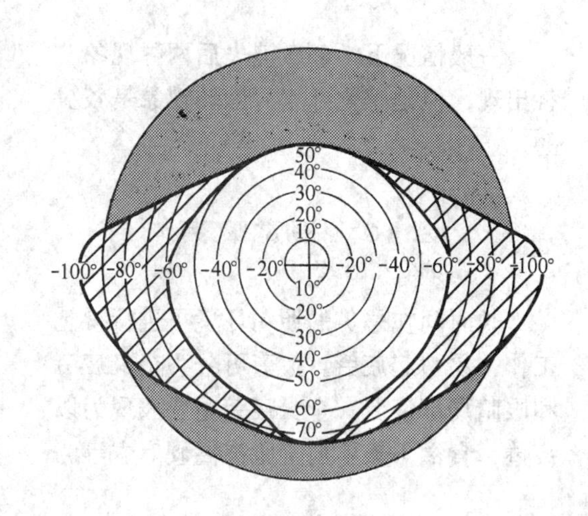

图 2-4 视野

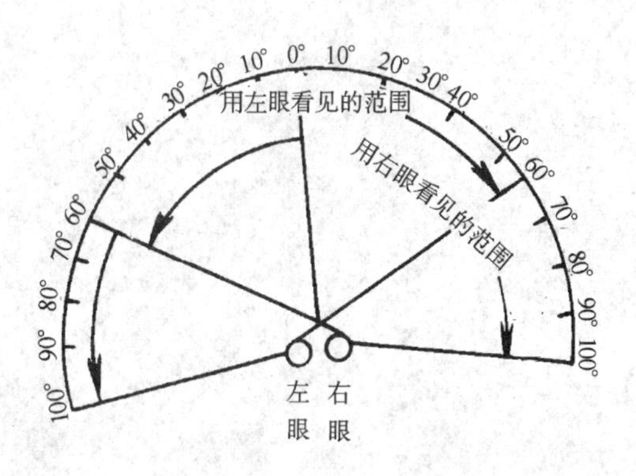

图 2-5 一般人的视野

2.8 恒常现象

一个物体在照明的性质与强度发生变化的情况下，人对该物体还保持原有的识知状态，这种现象叫恒常现象。如白天在室外阳光下看植物的颜色是绿色，在夜晚室内灯光下看还会是同样的绿色。

2.9 后像

物体对人的视觉神经刺激消除之后，在视网膜上仍残留着原物体的影像，这种现象称为后像。后像又分正后像和负后像。

正后像也叫积极后像，是与原物体的亮度和色调相同的后像。

负后像，也叫消极后像，是与原物体的亮度和色调正好相反的后像。

一般情况下，刺激消失后两种现象交替出现，但是感觉到正后像的现象是较少的。

2.10 视觉疲劳

长时间在恶劣的照明环境下进行视觉工作，易引起疲劳。疲劳可分为全身疲劳和眼睛局部疲劳。全身疲劳主要表现为以疲倦、食欲不振、肩上肌肉僵硬麻木等为主的自律神经失调的症状。眼睛疲劳表现为眼睛痛、头痛、视力下降等症状。眼睛局部的疲劳往往是全身疲劳的起因。

视功能疲劳的增加会随着照度的增加而得以改善，照度在500lx以下时，易出现上述疲劳情况，当超过500lx时，上述情况开始发生转折直到大约1000lx，1000lx以上的照度对改善视功能、疲劳没有多大好处。可见，500～1000lx的照度范围适合于绝大多数连续工作的室内作业场所。

第3章　照　明　质　量

通过分析人的视觉现象，我们得出这样的结果，在室内环境中必须有足够的光照，才能满足高效率、安全和舒适地工作和生活。要达到满意的光环境，一方面要从人的生理功能去研究，另一方面还要从人的心理需求去研究。

一般情况下，在需要进行视觉工作的房间或区域内，需要的照明水平一方面要考虑人对视觉环境的满意程度，另一方面还取决于视觉工作的难易程度和视功能水平。而在交通区域和进行社交活动以及休息的场所，视功能要求就不那么重要，而重点是考虑视环境的满意程度。

3.1　关于照度

3.1.1　考虑视功能的照明

为了使照明水平适合视觉作业的功能要求，国际照明委员会（CIE）通过两条途径来进行研究，以达到上述要求。

一条是在试验室研究照明水平对模拟视觉工作的亮度阈限的影响，只要使照明水平超过视工作的亮度阈限值，则可满足视功能的要求。

另一条途径是直接研究大于亮度阈限值范围的照明水平对视功能的影响，把照明水平规定在给定的视功能要求值的位置。

3.1.2　视觉上满意的照度

人们曾试图应用视觉功能的测量结果去解释实践中所获得的照明印象，然而在许多情况下，单从视觉功能的测量是不可能建立整体环境的照明规范的，标准的视作业图是不会有的。大多数实际的视觉作业是复杂的，而且随不同的环境及区域而变化，另外，照明规程不限于工作区，还应考虑室内交通和其它活动区域等对视觉功能要求不严，而需要创造特殊气氛的区域，在这些区域内视功能标准就不能使用。

以下为照明水平主观评价的研究结果。如图3-1、图3-2、表3-1。

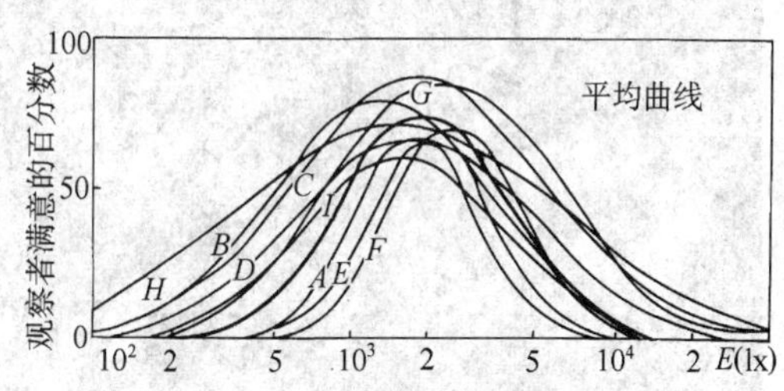

图3-1　国外学者视觉满意度实验结果

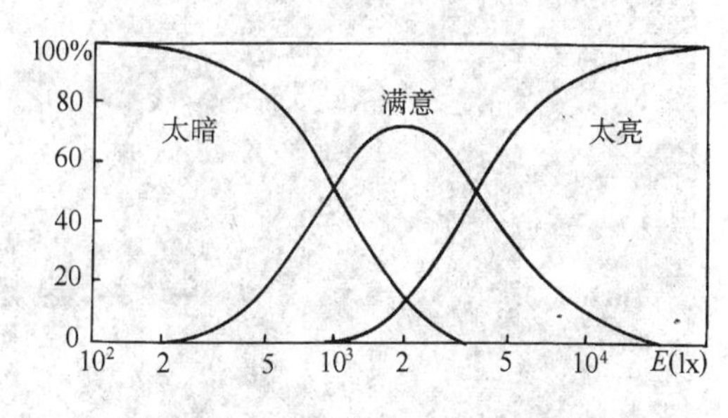

图3-2　CIE视觉满意度统计结果

由图3-1可见，平均曲线的最大值位于2000lx附近，也可以看出至少有50%的被试组认为1000～4000lx的照度是满意的。全部的被试者都认为是满意的照度水平是不存在的，即使在满意度最佳的点，也会有人希望再增加照度，有人则希望降低照度。不过实际经验表明，比2000lx的最佳值偏低一点而不是偏高一点的照明水平是不会使人感到不满意的，因为考虑到经费和能耗，人们把1000lx的照度值看作是比较适宜的中间值。

国际照明委员会（CIE）在《室内照明指南》（1975）中建议，在制定照明规范时应该推荐三种照明范围，即：20～200lx、

图 3-3　照度要求

法国巴黎国家图书馆。顶部自然采光及一般照明，满足了一般视觉功能上的要求，而桌面上的局部照明则满足视觉功能的特殊要求。

200～2000lx、2000～20000lx，CIE 把这三个范围再细分成许多级，得出推荐的照度水平等级，如表 3-2。

表 3-2 所推荐的照度值，是指在一定自然采光的房间中正常工作状态下所需的照度，当周围的环境使视觉工作更困难时，这些照度应该相应增加一级或几级。

3.1.3　最低照度值

200lx 是所有工作室以及人需要在其中停留较长时间的最低照度值。

西方学者视觉满意度实验者、条件和结果　　表 3-1

曲线编号	实　验　者		年　份	被试人数	照度范围 (lx)	满意照度 (lx)
A	Balder, J. J		1957	296	280～2100	1800
B	Muck, E. 和 Bodmann, H. W.	1	1961	152	50～10000	1300
C		2	1961	152	50～10000	1800
D	Söllner, G.		1966	15	200～3800	1750
E	Riemenschneider, W.	1	1967	432	500～4400	2100
F		2	1967	813	600～4300	2500
G	Westhoff, J. M. 和 Höreman, H. W.		1963	6	300～5000	2250
H	Boyce, P. R.		1970	14	116～8393	1550
I	Bodmann, H. W., Söllner, G. 和 Voit, E.		1963	80	257～6075	1600

推荐的室内照度　　表 3-2

区　域	推荐的照度 (lx)	所进行的活动
A 非经常使用的区域或视觉要求简单的区域的一般照明	20 30 50	……具有暗环境的公共区域
	75 100	……短暂逗留时所要求的简单定向
	150 200	……不进行连续工作的房间：如仓库、门厅
B 室内工作区域的一般照明	300 500	……视觉要求有限的作业，如粗加工、讲堂
	750 1000	……具有普通视觉要求的作业，如普通的机加工、办公室
	1500 2000	……具有特殊视觉要求的作业，如手工雕刻，服装厂的检验
C 精密视觉作业的附加照明	3000 5000	……精密的而且时间非常长的视觉作业，如小型电子元件装配和钟表装配
	7500 10000	……特别精密的视觉作业，如微电子元件装配
	15000 20000	……非常特殊的作业、如外科手术

3.1.4　交通区域的照明

100lx 的照度水平的照明效果很好，可以认为是交通区域能接受的照明水平。在此空间中的照明可以是点状的或局部的，不必考虑均匀性。而 20lx 的照度水平是使人的面部刚好可以识别的照度，所以把 20lx 作为交通区域内一些不重要环境的最低照度。

在交通区，照明的满意性比视功能更重要。

3.1.5　年龄对照度的影响

如图 3-4 所示，青年人与老年人在识别同一物体时，青年人比老年人所需的照度要低一些。从图中可以看出，照度超过 1800lx 时，老年组的满意程度会提高，而青年组会感到不舒服。而从视觉的功能来看，青年人与老年人没有太大的差别。

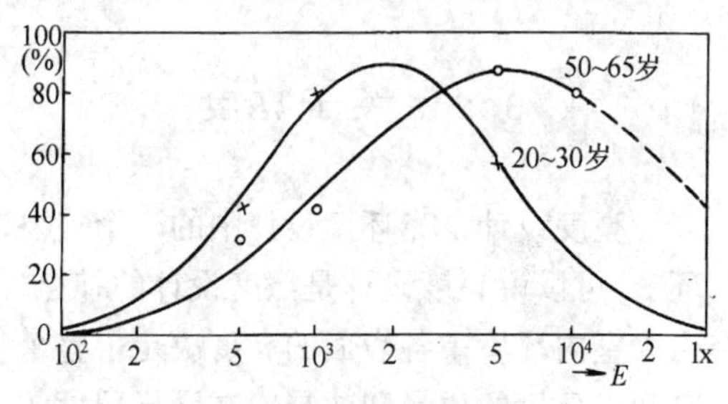

图 3-4　对两个年龄组的试验人员所作照度水平的主观评价

室内不同要求所需要的照度水平　表 3-3

照　明　要　求	亮度 (cd/m²)	水平照度 (lx)
刚能看出人的面部特征	1	20
能满意地看出人的面部特征	10～20	200
在通常的工作室内获得最佳观看条件	100～400	2000
完成低对比和精细的临界作业	1000	20000

图 3-5　走廊的照明

休斯敦科斯特沃银行的走廊运用墙面开窗，使明亮的外环境映入走廊；运用点状照明方式，使走廊内的光影有一种韵律感，并且能够满足照度的最低要求。

3.2　关于亮度

亮度设计是光环境设计中的一个重要环节，可以说亮度设计是照度设计的补充，因为室内环境中各表面的亮度决定了整个空间光环境的质量和效果，在同样照度的前提下，各表面的反射比不同所形成的光环境也就不同。同时不同的光环境对人的生理和心理也全产生不同的影响。

3.2.1　亮度的界限

日常经验和实验室的研究证明，我们的眼睛能够适应一定范围的亮度，也就是我们前面提到的"明适应"和"暗适应"现象，在这个亮度范围内对亮度的辨别力没有严重的损失，也不会感到不舒适，这种亮度范围的界限是由眼睛的适应性决定的。

不能把物体从黑暗的背景中区别出来的亮度最低限度，称为"黑限"。

物体表面过亮，使人产生不舒适的感觉时，称为"亮限"。如图 3-6。

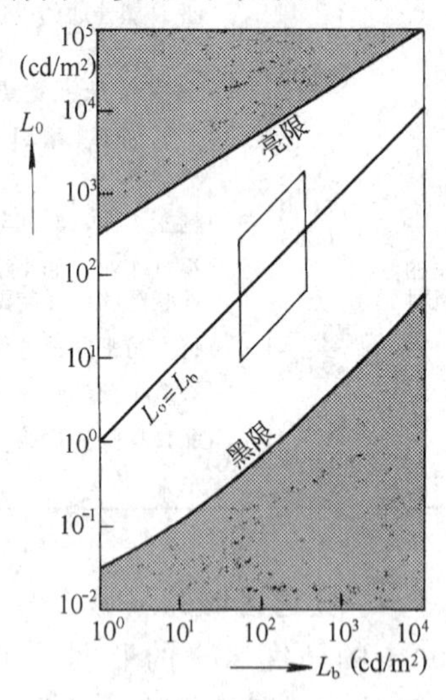

图 3-6　亮度的界限

可以识别物体和背景之间的亮度差别的物体亮度 L_0 是背景亮度 L_b 的函数，图 3-6 中指出了亮限和黑限。平行四边形决定室内有良好视觉的照明条件的范围。

经过研究表明，物体的亮度与背景的亮度比值成正比时，识别灵敏度会达到最大值（人对物体的识别），信息的损失达到最小值。在物体的亮度比背景的亮度小于 1/5 或大于 5 时，识别灵敏度会减小到最大值的一半以上。

而对于工作的作业面而言，背景的亮度无论什么位置都应低于作业面亮度，但不应低于作业面亮度的 1/3。

而亮度比超过图 3-6 中的平行四边形，则出现眩光的机率就越大。所以平行四边形决定室内有良好视觉功能所需要的照明范围，也就是如灯具、物件、墙、顶的亮度必须设置在这个界限之内。

最佳照度在不同的环境中，其值基本相同，但被观察物体表面的最佳亮度不是常数，而是与其表面的反射比有关，如果反射比低，那认为被观察物体表面令人满意的亮度必然低于较高反射的那些物体表面亮度。经常提到的一个理论就是反射比降低一半时，照度应提高一倍。

各种材料反射系数参见表 3-4。

常用建筑材料的反射比和透射比 **表 3-4**

材料名称	颜色	厚度（mm）	反射比 ρ	透射比 τ
1. 透光材料				
普通玻璃	无	3	0.08	0.82
普通玻璃	无	5～6	0.08	0.78
磨砂玻璃	无	3～6	0.28～0.33	0.55～0.60
乳白玻璃	白	1	—	0.60
压花玻璃	无	3	—	0.57～0.71
小波玻璃钢瓦	绿	—	—	0.38
玻璃钢采光罩	本色	3～4 层布	—	0.72～0.74
聚苯乙烯板	无	3	—	0.78
聚氯乙烯板	本色	2	—	0.60
聚碳酸酯板	无	3	—	0.74
有机玻璃	无	2～6	—	0.85
2. 建筑饰面材料				
石膏	白	—	0.90～0.92	—
乳胶漆	白	—	0.84	—
大白粉刷	白	—	0.75	—
调和漆	白、米黄	—	0.70	—
调和漆	中黄	—	0.57	—
水泥砂浆抹面	灰	—	0.32	—
混凝土地面	深灰	—	0.20	—
水磨石	白	—	0.70	—
水磨石	白间绿	—	0.66	—
水磨石	白间黑灰	—	0.52	—
水磨石	黑灰	—	0.10	—
塑料贴面板	浅黄木纹	—	0.36	—
塑料贴面板	深棕木纹	—	0.12	—
塑料墙纸	黄白	—	0.72	—
塑料墙纸	浅粉色	—	0.65	—
胶合板	木色	—	0.53	—
3. 金属材料及饰面				
光学镀膜的镜面玻璃	—	—	0.88～0.99	—
阳极氧化光学镀膜的铝	—	—	0.75～0.97	—
普通铝板抛光	—	—	0.60～0.65	—
酸洗或加工成毛面的铝板	—	—	0.70～0.85	—
铬	—	—	0.60～0.65	—
不锈钢	—	—	0.55～0.65	—
搪瓷	白	—	0.65～0.80	—

3.2.2　最佳的墙面亮度

在评价墙面亮度水平时，应该考虑墙面的色彩，实验证明，灰色、蓝色、蓝绿色和红色墙的最佳亮度随反射比的增加而增加，而黄色墙面的情况则相反，对于最常用的照度范围 500～1000lx 来说，普通墙的亮度应该大约在 50～100cd/m^2 之间。

理论上，垂直（墙）照度和墙面反射比几乎有无限多种组合都可以达到最佳亮度，但经验、计算和研究全部证明，当相对的墙面照度比水平照度在 0.5～0.8 之间时，最有可能得到令人满意的状态。

3.2.3　最佳的顶棚亮度

顶棚的最佳亮度主要受顶棚灯具表面的亮度支配，一般情况下顶棚亮度的上限将由所用灯具的相应眩光界限确定。在灯具亮度低于大约 100cd/m^2 时，最佳的顶棚亮度甚至比灯具的亮度还高，显然实际上是不会达到的。

顶棚的亮度还取决于顶棚的高度，在顶棚足够高，以致于在视觉范围之外时，它的亮度对人的舒适感没有太大的影响，这时，顶棚的亮度就可以单纯根据实际需要来选择。而顶棚高度过低，使灯具暴露在视觉范围以内，如顶棚高度在 3m 左右，它的亮度应该有所设计和选择，避免眩光对人的影响。最佳的顶棚亮度实际上是灯具亮度的函数，当灯具亮度增加时，为了避免在顶棚和灯具之间出现不舒适的亮度对比，顶棚的亮度也应该适当增加。

增加顶棚亮度可选用向上照明的灯具。在顶部灯具是完全嵌入式时，顶棚如单纯依靠地面的反射光照亮，就很难达到推荐的亮度，使顶棚过暗，这里关键是选用何种灯具，同时应该使顶棚有尽可能高的反射比。当照明灯具采用暗装时，顶棚表面的反射系数宜大于 0.6，且顶棚表面的照度不宜小于工作面照度的 1/10，如图 3-8。

3.2.4　照明的均匀性

室内平均照度为 1000lx 时，顶棚和墙的舒适亮度值分别约为 200cd/m^2 和 100cd/m^2。在室内照度范围的低端（500lx），顶棚的最佳亮度大约是墙面最佳亮度的 4 倍。在室内照度范围的上端（2000lx），顶棚和墙面的最佳亮度水平几乎相等。但在照明设计中，如果使顶棚亮度和墙的亮度

图 3-7　建筑化照明

伊利诺斯 AT&T 公司总部大堂采用建筑化照明手法，灯具的造型与建筑装修和谐地统一在一起。漫射式灯具所发出的光，使整个空间得到了均匀的照度，而灯具与地面、墙面的材料及色彩对比，形成了丰富的层次感。

相等，视觉效果就会感到单调，除非所用的颜色不同。

办公室、阅览室等空间一般照明照度的均匀度，按最低照度与平均照度之比确定，其数值不宜小于0.7。

分区采用一般照明时，房间内的通道和其他非工作区域，其一般照明的照度值不宜低于工作面照度值的1/5。局部照明与一般照明共用时，工作面上一般照明的照度值宜为总照度值的1/3～1/5，且不宜低于50lx。

在体育运动场地内的主要摄像方向上，垂直照度最小值与最大值之比不宜小于0.4；平均垂直照度与平均水平照度之比不宜小于0.25；场地水平照度最小值与最大值之比不宜小于0.5；体育场所观众席的垂直照度不宜于小场地垂直照度的0.25。

图3-8　灯具暗装

发光灯槽是运用反射光对环境进行照明的一种理想手段，所得到的光环境也是平和的安静的。

灯具布置间距宜大于所选灯具的最大允许距高比（参见第5章5.1.6）。

在长时间连续工作的房间（如办公室、阅览室等），室内各表面反射系数和照度比宜按表3-5选择。

室内表面反射比与照度比的关系　表3-5

表面名称	反射比	照度比
顶棚	0.7～0.8	0.25～0.9
墙面	0.5～0.7	0.4～0.8
地面	0.2～0.4	0.7～1.0

总之，亮度分布的设计在应用中只限于下面的范围：作业面和它的背景，主要考虑亮度比；顶棚、墙和地面，应考虑它们的亮度范围；灯具，应考虑它的亮度限值。

对于具有严格工作性质的照明设计来说，进行详细的亮度计算可能是合适的，但是对于普通光环境和要求达到特殊艺术效果的光环境来说，遵守某些简单的、旨在避免不舒适的极端对比的规则就够了。如图3-9、图3-10。

图3-9　灯具的设置

灯具的选择与设置的位置都与装修风格相协调、相统一，不仅不会破坏环境的整体性，而且为增强艺术感染力而发挥了画龙点睛的作用。

图 3-10 灯具的照明

运用照明手段，充分表现墙面的材质肌理及雕塑感。

3.2.5 最佳亮度值

最小值：人脸的最小亮度值，如刚好可以辨认出脸部特征所需要的亮度值为 1cd/m²；刚好可以满意地看清脸部，不特别费力就能认出脸部特征所需要的亮度值为 10～20cd/m²。

最佳值：墙、顶棚、作业区域、人脸部的最佳亮度如下：

墙	50～150cd/m²
顶棚	100～300cd/m²
作业区域	100～400cd/m²
人脸	250cd/m²

最大值：天空和灯具的最大亮度值如下：2000cd/m² 的亮度值标志着天空开始引起眩光，1000～10000cd/m² 是可以容许的灯具的最大亮度值。

3.3 日光和人工光源的亮度平衡

进深较大的有窗房间，其临窗区域接收到的日光对于进行视觉作业来说是足够的，但内部区域必须增设人工照明，以补充视觉作业所需的照明要求。人工照明必须实现双重功能，它必须提供合适的照度水平，同时又必须与日光取得令人满意的亮度平衡。

图 3-11 自然采光

爱德华·霍普 1953 年作《小城市的办公室》。

对自然采光没加任何处理手段，会造成明暗对比大，并会出现眩光现象。

研究结果表明，取得令人可以接受的亮度平衡，应使常设人工照明水平与室内的自然光照明水平成正比。而取得完全令人满意的亮度平衡所必需的人工照明水平可能很高。

经过测量得出的结果显示，天空的平均亮度大约在 $5000cd/m^2$，这个数字可以作为室内自然采光和人工照明的亮度平衡设计的依据。天空平均亮度在一年的大多数时间内，并在整个工作日内出现次数最多，对于这种水平，人工照明水平应该在200～500lx 范围内。

为了能看见背窗而立人的脸部特征，脸部的亮度不应该小于背景或天空亮度的1/20，大多数观察者认为大于这个比例或背景、窗的亮度大于 $2000cd/m^2$ 时，就会使观察者产生眩光。因此，天空亮度超过这个数值时可选用窗帘、百叶窗或其他遮挡装置来减弱窗的亮度。如果窗表面亮度取 $2000cd/m^2$ 这个值，脸部亮度就至少需要 $100cd/m^2$，这就要求在窗户区域有2000lx 的平均水平照度。

图 3-12　窗前加窗纱

由 Tim May 和 John Larkin 设计的德图科隆 Wasserturm 饭店窗前加窗纱，使自然光变得柔和，配合室内的人工照明，就不会出现强烈的明暗对比、眩光以及黑影等现象。

图 3-13　对自然采光的遮阳手法

由 KPF 设计的夏威夷第一银行。

图 3-14　自然采光与人工照明相结合

佛罗里达迪斯尼现代胜地旅馆的过厅，自然采光作为主要照明，人工照明作为补充照明，平衡了室内的照度。

平衡室内亮度及光的分布有两种方法：

人工光可以同自然采光同方向指向房间内部（非对称分布）；或者同自然采光同方向和反方向指向房间（对称分布）。第一种方法的优点是观察者顺自然采光方向观察房间时将会看到布光均匀的明亮区域，但是观察者如果往窗户的方向看，就会增加前面提到过的剪影现象。第二种方法有两个方面的好处，第一，它为所有的观看方向提供较好的观看条件；第二，所有的灯具可以和夜间照明用的灯具有同样对称的光分布效果。

人工照明还有一个附加的功能，就是在阴天时使整个建筑的外观富有生气。

3.4　立体感的表现

照明的目的是使人能够看清室内的物体和色彩，如果我们合理布置光源，调整光照角度，创造一个合理的光环境，就能够使人更加清晰地、舒适地看清室内的结构、人的特征、物体的形状，就会加强人对室内情况的正确了解。

当照明来自一个方向时，会出现不紊乱的阴影，这种阴影对形成好的立体感有关键性的作用，但是照明的方向性过于单

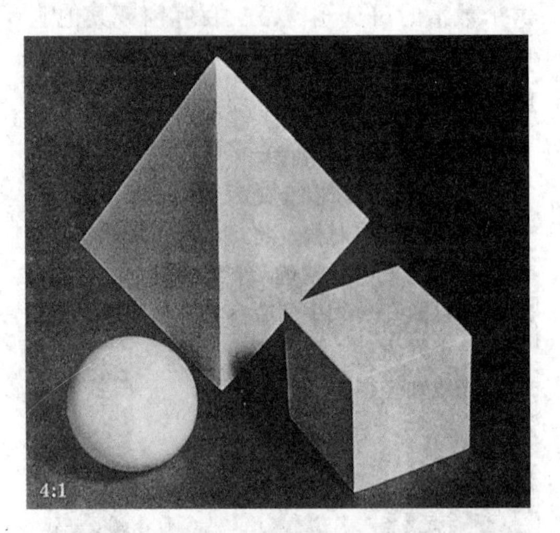

1:1

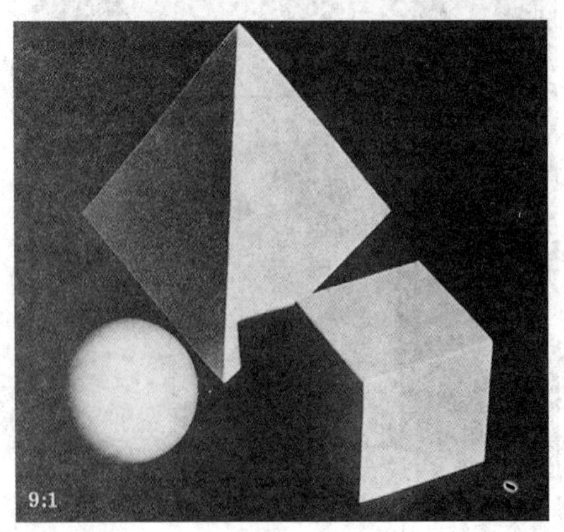

图 3-15　立体感

一则会产生令人不快的强烈明暗对比和生硬的阴影。另一方面，照明方向性也不能过于扩散，否则物体各个面的照度一样，立体感就会消失，如图 3-15。

为了得到合适的立体感，要求垂直面上的照度与水平表面上的照度比最小为 1/4，如图 3-16。

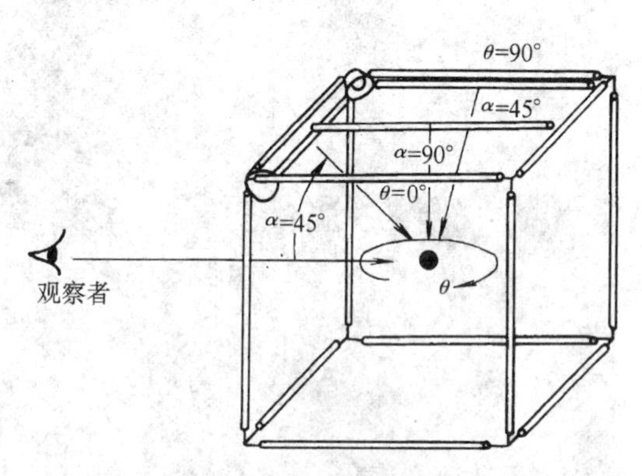

图 3-16 垂直与水平面上的照度比

Fischer 评价荧光灯和白炽灯对几种物体的立体感的影响时所用的实验装置。角度（θ 为方位角，α 为高度角）表示入射光相对于观看方向的矢量方向。

来自前方（$\theta=0°$，$\alpha=45°$）的照明对人脸产生的立体感最好，侧边照明（$\theta=90°$，$\alpha=45°$）对于其他物体最佳。

图 3-17 邱吉尔

从侧上方射出的光，使邱吉尔的面部及服饰都得到了很好的立体感表现，周围环境的反射光，使背光面得到了适当的补光，从而使他的表情与形体动作更加生动。

用顶棚灯具照明，对无生命物体将产生良好的效果，但对人的面部来说，远没有达到理想的效果。如图 3-17。

在用窄光束照明时，为了在其他方向能够得到扩散光和反射光，以改善过于阴暗的背影，墙面及地面应增加反射比，否则阴影就可能出现。

如果采用有扩散光分布的灯具，立体感就可以得到改善，但同时必须注意眩光现象，以及避免出现平淡的光环境。

实验发现，方位角 θ 在 0°～30°、高度角 α 在 45°～67.5°时，被评价物体的诸因素都是最佳的。

3.5 关于眩光

3.5.1 直射眩光

在视野内有亮度极高的物体或强烈的亮度对比，就可引起不舒适感，并造成视觉降低的现象，这就叫做眩光。眩光是影响照明质量的最重要因素，因此防止眩光的产生，就成为设计人员首要考虑的问题。

图 3-18 室内空间的立体感

奥地利维也纳旧屋改造是要通过光来表现室内空间的立体感。这里除了考虑光源发出的光，还应兼顾到室内各表面的反射光对表现立体感的作用。

图 3-19　直射眩光现象

图 3-20　反射眩光现象

眩光可以是直射的，也可以是反射的。直射眩光可以由于观察者正常视觉范围内出现过亮的光源而引起。如果观察者看到一个光源在光滑表面内的映像，那么这就是反射眩光。如图 3-19、图 3-20。

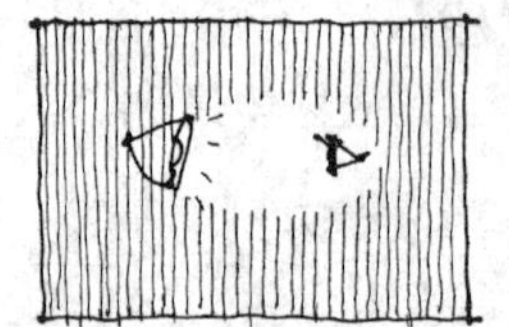

明暗对比强烈，周围越暗越刺眼

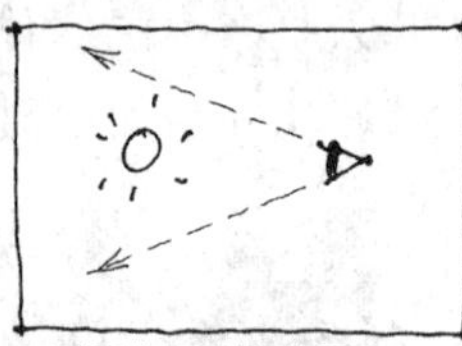

光源进入视觉范围内

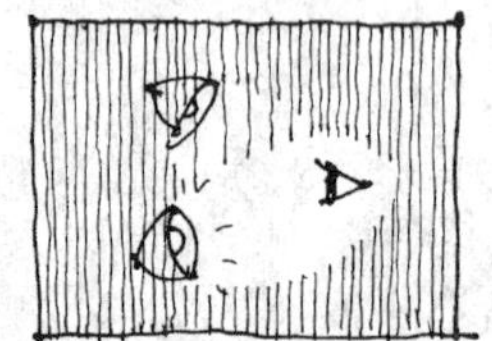

光源的亮度越高越刺眼

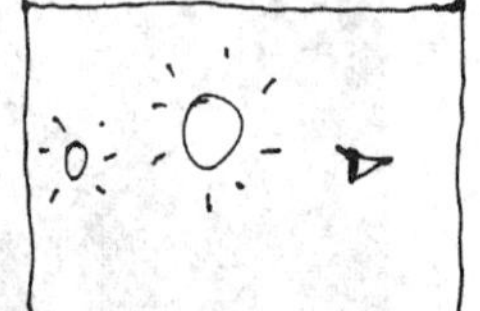

光源的外观尺寸越大越刺眼

图 3-21　直接眩光

眩光对人的生理和心理都有明显的影响，而且会较大地影响工作效率和生活质量，严重的还会产生恶性事故，所以对眩光的研究有着非常重要的意义。

直射眩光有两种，损害视觉功能的眩光称为失能眩光，它会造成视觉可见度下降，根据视功能（即对比灵敏度）的降低来测量它。引起不舒服感觉的眩光叫做不舒适眩光，不舒适眩光会随着时间推移而加重人的不舒适感，不舒适眩光的程度只能通过主观评价来估计。

在室内照明的实践中，不舒适眩光出现的机率要比失能眩光多，而且控制不舒适眩光的措施，通常也能用来控制失能眩光，在实际照明环境中，对眩光程度的感受与图 3-21 所列 4 种因素有关。

眩光可能产生多种感觉，从轻度的不舒适到瞬间的失明，感觉的大小与眩光光源的尺寸、数目、位置和亮度以及眼睛所适应的亮度有关。

3.5.2　直射眩光和灯具亮度

从灯具的下垂轴开始测量，最可能出现眩光的区域由图 3-22 定义，灯具在这个区域内的亮度保持一定限度，就可以避免眩光或至少使眩光保持在可接受的限度之内，如果亮度过强，产生眩光的可能性就大。

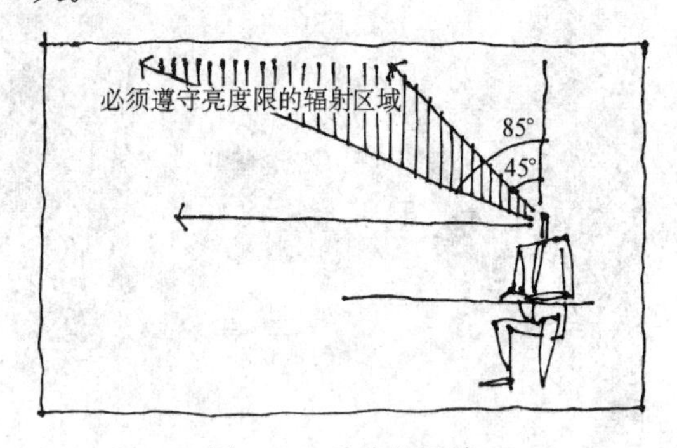

图 3-22　眩光的区域

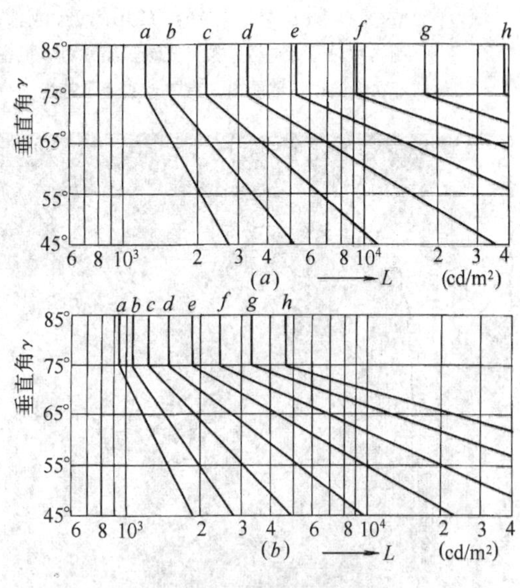

图 3-23　亮度曲线

亮度曲线图（*a*）的观察方向是平行于灯具的纵轴，对侧面不发光的灯具则观察方向任意。(*b*) 的观察方向垂直于侧面发光灯具的纵轴。

对于与垂直线成 45°角或大于 45°角方向可以看见光源的灯具，应该遮挡这些光源，所需遮挡的角度参见表 3-6，如果遮挡的角度小于表中所列的值，就须用光源亮度来检查眩光限，见图 3-23。

避免直射眩光可采用以下两种灯具，一类是采用半透明的漫射板改善灯具发光面，使其亮度减低；另一类是用反射器、格片或反射器加格片组合来遮挡光源的灯具，使人无法直接看到光源，如图 3-24。

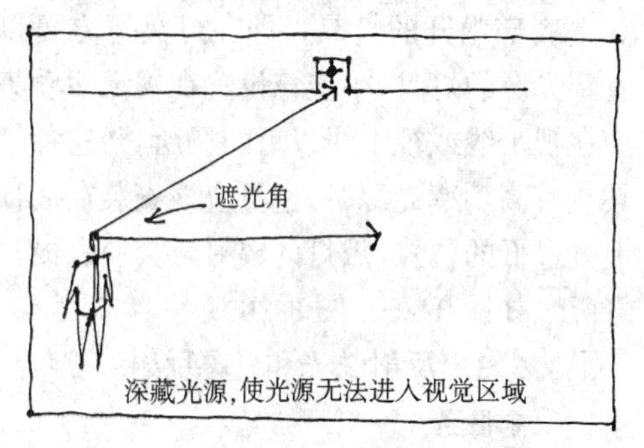

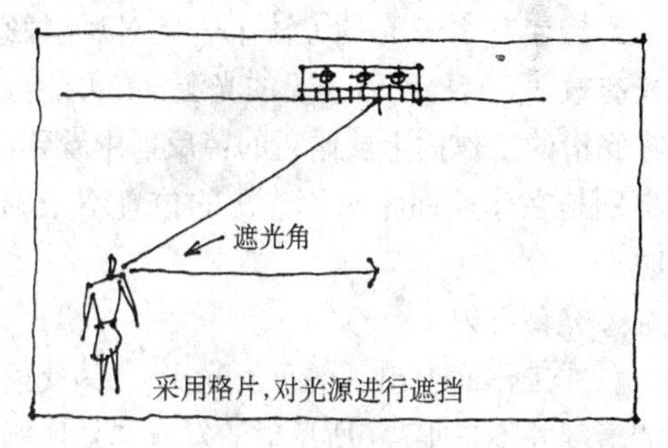

图 3-24　遮挡光源

照明器最小遮光角　　　　**表 3-6**

照明器出光口的平均亮度 (10^3cd/m²)	CIE		GB 50034-92		GBJ 133-90			光源类型
	直接眩光限制质量等级							
	A、*B*、*C*	*D*、*E*	*A*、*B*、*C*	*D*、*E*	Ⅰ	Ⅱ	Ⅲ	
$L \leqslant 20$	20°	10°	20°	10°	20°	10°*		管状荧光灯
$20 < L \leqslant 500$	30°	20°	25°	15°	25°	20°	15°	有荧光粉或漫射型的高压气体放电光源
$L > 500$	30°	30°	30°	20°	30°	25°	20°	透明型高压气体放电光源、透明玻璃白炽灯

注：* 线状的灯从端向看遮光角为 0°。

房间面积过大，吊顶会有一部分进入人的视觉范围内，势必会使人看到灯具，如发光顶棚就是这种极端的情况，这时应把顶部的亮度限制在 500cd/m² 左右。

为避免眩光，选择照明灯具的款式和型号在很大程度上取决于所用光源的亮度，为了便于选择，把光源分成两类：

(1) 亮度在 20000cd/m² 以下的；

（2）亮度在 20000cd/m² 以上的。

对于（1）类光源来说，以前提到过的关于避免眩光的方法都可以采用。对于(2)类光源来说，几乎只有使用遮挡光源的方法。

只有在(1)类光源中亮度较低的灯，如照度水平小于 500lx，可以使用裸光源的灯具。另外，一些特殊场所，如门厅、剧场、舞厅等，或要求利用照明创造独特艺术气氛的场所，可选用高亮度的裸光源。

底部敞开的灯具，即在灯具下方可以看到光源的灯具，不应该设置在视觉活动集中在视平线或视平线以上的场所。当这种灯具装有高功率光源时，也不应该安装在头顶上方过低的位置，因灯的辐射热会使人极不舒服。如图 3-25、图 3-26。

图 3-25　用格片对光源进行遮挡

用格片对光源进行遮挡，光透过格片可以把室内照亮，但光源却不在人的视觉范围内，有效地避免了眩光。

图 3-26　用磨砂玻璃遮挡光源

用磨砂玻璃遮挡光源，使光源变得不刺眼，并使整个空间得到了均匀柔和的光照效果。

3.5.3　反射眩光和光幕反射

反射眩光

控制直射眩光的方法不一定对反射眩光有效，受遮挡而看不见的光源，有可能会在光滑的工作面上或附近的镜反射中看到，特别是在作业面相对于光源的位置不正确时。

光幕反射

在工作面上出现的反射光影，其反射清晰度并不是很高，所反射的发光体是模糊的，就像一层由光组成的幕布，使物体细部变得模糊，这种反射使物体可见度减小的反射称为光幕反射。

工作面的镜反射所产生的反射眩光可以引起不舒适和注意力的分散，注意力会不知不觉地离开工作面而趋向亮度较高的区域。

一般情况下出现的反射眩光和特殊情况下出现的光幕反射不仅与灯具的亮度有关，而且与灯具相对于工作区域的位置以及当时的照度水平有关。如图 3-28。最好的解决办法是，使反射光不在人的视觉范围之内，光的入射方向可以和观看方向相同或从侧边入射到工作面上。

图 3-27　眩光

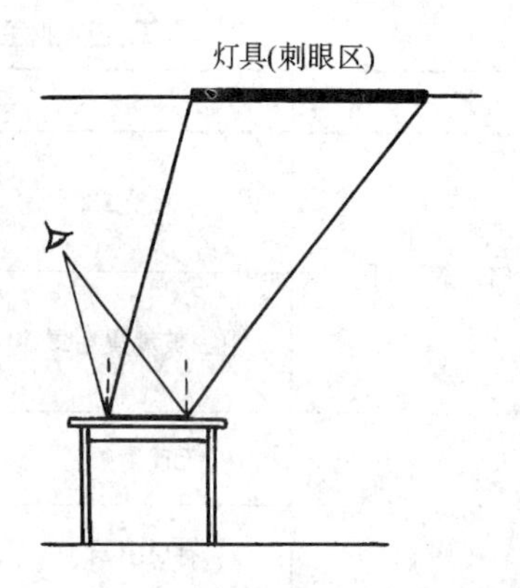

图 3-28　工作面的镜面反射

明亮的灯具相对于视线构成镜反射角时，在视觉作业内将会有产生光幕反射的危险。

3.5.4　反射眩光和光幕反射的解决方法

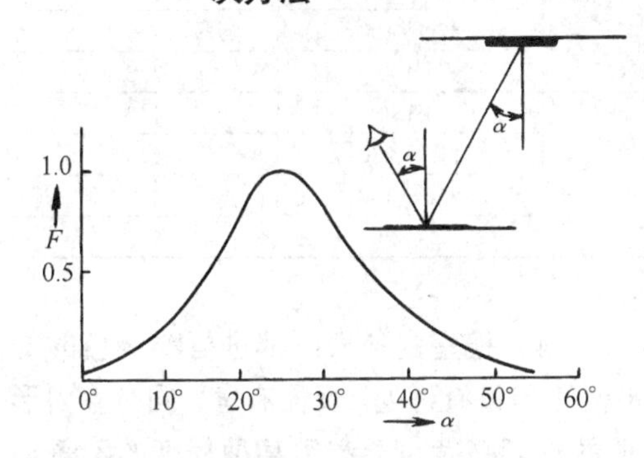

图 3-29　反射眩光和光幕反射的解决方法

观看频率是观看角 α 的函数，观看频率的峰值在围绕垂线 25°角处出现（Alphin）。

在复杂的环境中，比如有许多人并且具有不同性质工作的环境，以某部分人的工作位置来设计总体照明就很难满足所有的工作位置和方向，这时低亮度的灯具就有助于减少出现眩光的机会，而对于工作面可以增加局部照明，以满足工作面所需照度。对可能出现反射眩光的灯具亮度，应该被限制在工作面照度值的 7 倍左右。另外，无论什么地方都应该尽可能避免有光泽的或高反射比的表面。

产生眩光的另一个原因是视觉范围内不合理的亮度分布，周围环境的亮度（顶棚、墙面、地面等）与照明器的亮度形成强烈的对比，就会产生眩光，对比数值越大，产生眩光的可能性就越大，尤其是顶棚。解决这一眩光现象的方法是提高顶棚和墙面的亮度，可以采用较高反射比的饰面材料（见表 3-4），因为在同样的照度下，反射比越大，亮度就越高，从而降低环境亮度与照明器亮度的比值。另外还可以采用半直接型照明、半间接型照明、漫射照明或吊灯、吸顶灯等，以增加顶部的亮度，并使整个空间布光均匀。

图 3-30　室内装饰材料选用了高反射比的金属材料

工业企业室内一般照明灯具的最低悬挂高度　　表 3-7

光源种类	灯具形式	灯具遮光角	光源功率（W）	最低悬挂高度（m）
白炽灯	有反光罩	10°～30°	≤100	2.5
			150～200	3.0
			300～500	3.5
	乳白玻璃漫射罩	—	≤100	2.0
			150～200	2.5
			300～500	3.0
荧光灯	无反射罩	—	≤40	2.0
			>40	3.0
	有反射罩	—	≤40	2.0
			>40	2.0
荧光高压汞灯	有反射罩	10°～30°	<125	3.5
			125～250	5.0
			≥400	6.0
	有反射罩带格栅	>30°	<125	3.0
			125～250	4.0
			≥400	5.0
金属卤化物灯、高压钠灯、混光光源	有反射罩	10°～30°	<150	4.5
			150～250	5.5
			250～400	6.5
			>400	7.5
	有反射罩带格栅	>30°	<150	4.0
			150～250	4.5
			250～400	5.5
			>400	6.5

3.5.5　照明器最低悬挂高度

一般情况下，照明器安装得越高，产生眩光的可能性就越小，所以《工业企业照明设计标准》（GB 50034—92）规定的工业企业室内一般照明器的最低悬挂高度如表 3-7。

3.5.6　发光顶棚眩光的处理

对一个发光顶棚来说，引起不舒适眩光的重要原因就是顶棚本身的高亮度和邻近墙面的亮度对比。

（1）当房间墙面和地面的反射比为中等，发光顶棚亮度超过 500cd/m^2 时就会导致不舒适眩光；超过 1500cd/m^2 时会引起不能忍受的眩光。要完全避免眩光，顶棚亮度必须控制在 140cd/m^2。

（2）地面的反射比为中等水平的情况下，浅色墙面会使整体空间产生也会较好的舒适度。

（3）若地面为浅色，会增加视觉范围内下半部分的有效光的反射率，深色墙面会创造较好的舒适度。

（4）把室内各表面都进行浅颜色的处理，不但没有好处，反而有害，同时室内形成的单调亮度也会产生某种程度的不舒适感。

（5）若顶棚只有中等亮度（100～170cd/m^2），装修颜色的深浅所产生的影响就比较小，唯一的例外是，墙面、地面用很深颜色时，不管顶棚亮度如何都会产生一些不舒适的感觉。

3.5.7　眩光的评价

从照明技术角度出发来评价眩光主要有两种方法，在这里我们可以作简单的介绍。而在实际工程设计中，还需要照明专家的配合，才能计算出准确的数据。

亮度曲线法：又称为亮度限制曲线法，是一种不舒适眩光的评价方法，是建立在实验的基础上的。实验中由一组观察者对不舒适眩光进行评价，并用评价数值来描述对眩光的感觉程度，最后换算出亮度限制曲线。

眩光指数法：亮度曲线法虽然是一种直观易行的眩光评价方法，但靠两组亮度限制曲线无法把光环境中的各种因素都考虑进去，尤其是周围环境亮度对产生眩光的作用和多光源对产生眩光的影响，而眩光指数法是一种较精确的评价眩光的方法，但它的计算也相应地较复杂和烦琐。

3.6 关于色彩

3.6.1 照明与色彩

照明工程师在设计室内照明时要想圆满地解决可能出现的各种问题，就需要对色彩及其在室内的作用有基本的了解。

众所周知，在不同光源照射下观看物体时，其外观颜色会发生变化，这种变化是由于光源不同的光谱分布造成的，因此，处理颜色问题必须从光源开始。

我们先简单介绍一下关于照明与色彩的相关概念。

色调：只含有唯一波长的光是单色光，其颜色称为光谱色。光的波长不同，则它的颜色也不同，我们用色调一词来表征颜色。

彩度：是颜色色调的表现程度，它可反映光线波长范围的大小，波长范围愈窄，说明颜色愈纯，彩度愈高。

明度：指颜色的明暗程度。

色表：观察光源本身时所得到的颜色印象。

显色性：是指显色指数，当显色指数在90～100范围内时，显示物体的颜色可达到正确可靠的程度。符号：*Ra*。

光源的显色性是不能从光源的色表来估计的，两种光源可能有同样的色表，但却有完全不同的显色性。同样，两种光源可能有显著不同的色表，但是，在某种情况下，它们可能产生同样令人满意的颜色显现，了解这种似乎有点矛盾的现象是如何发生的，会有助于我们对颜色本质的理解。

光源和物体的最佳色表往往与室内的照明水平有密切的联系，经验表明，研究结果也证实，所用光源的光色和亮度对室内各表面的色彩有很大的影响，蓝色表面在红色光的照射下可能会呈现绿色。所以在一些特殊的场所，如需要对颜色作出准确判断的场所，光源的显色性特别重要，必须慎重选择相适应的光源。

光源与物体颜色在室内设计中是相互联系相互作用的，必须综合两方面的特性和知识，才能得到满意的设计方案和理想的视觉效果。

3.6.2 色温

色温这个术语是用来描述光源色表的，是通过和黑体（或完全辐射体）的颜色进行比较来决定的，光源与黑体的颜色相同时，该黑体的温度就称为光源的色温。

黑体是特殊形式的热辐射体，用普朗克定律可以计算出它在各种温度时的光谱辐射分布，黑体在800～900K温度时的颜色为红色，3000K时为黄白色，大约5000K时为白色，在8000～1000K之间为青蓝色。如表3-8、表3-9。

天然光源和人工光源的色温　　表3-8

光源	色温（K）
蜡烛	1900～1950
炭丝灯	2100
钨丝灯	
40W	2700
150～500W	2800～2900
放映和投光灯	2850～3200
炭弧灯	3700～3800及以上
月光	4100
太阳光	5300～5800
日光（太阳＋晴空）	5800～6500
阴天天空	6400～6900
晴天天空	10000～26000
荧光灯	3000～7500

相关色温和色表　　表3-9

相关色温（K）	色表
＞5500	冷色（蓝白色）
3300～5000	中间色（白色）
＜3300	暖色（红白色）

3.6.3 色温和照明水平

人们通过经验得知，用暖色（低色温）光源产生的低照明水平可以使室内形成缓和的气氛，而工作环境则可以用冷色（高色温）光源产生的高照明水平来形成。

中欧国家会议室内照明的水平和颜色给人的印象　表 3-10

平均照度（lx）	光色		
	暖白色	白色	日光色
＜700	没有不愉快	昏暗	冷
700～3000	愉快	愉快	自然
＞3000	过分、不自然	愉快、活泼	愉快

表 3-10 中的结论是在中欧国家典型的气候条件下得到的，极端情况下的气候可能影响这些结果，气候较暖的国家喜欢色表较冷的光源，反之亦然。另外，实验表明，人们所喜欢的照明水平，不受光源色温的影响，这个事实似乎表明，在进行视觉作业的地方，创造舒适的观看条件比创造愉快的气氛更为重要。如表 3-11。

与不同照度和不同色表相联系的一般印象　表 3-11

照度（lx）	光的色表		
	暖	中间	冷
≤500	舒适	中间	冷
500～1000	↕	↕	↕
1000～2000	兴奋	舒适	中间
2000～3000	↕	↕	↕
≥3000	不自然	兴奋	舒适

注：上面所用的修饰语是一般的主观印象。在极端的气候条件下，可能需要修改，例如：气候暖和的国家，可能喜欢较冷的色表。

3.6.4　颜色的显现

室内照明光源的颜色性质由它的色表和显色性所表征。前面说过光源的色表由它的色温来定义，而光源的显色性则描述受它影响的物体的色表能力，同样色表的光源可能由完全不同的光谱组成，因此在颜色显现方面可能呈现出极大的差异。可见，从光源的色表是不可能得出关于物体显色性的任何结论的。

3.6.5　最佳显色性

在日常生活中，当我们评价光源对物体颜色显现作用的好与坏时，我们自觉或不自觉地把该光源的颜色显现与一个我们所熟悉的、能使物体呈现"真实的"颜色的参照光源进行比较，这个最熟悉和使用最广泛的参照光源就是中午的日光。虽然日光的光谱组成变化很大，其相关色温的变化范围达几千开尔文，但物体颜色的变化实际上是看不出来的，这是因为观察者的色适应补偿了日光光谱的变化，所以我们把日光作为鉴定人工光源显色性的参照 光源是合适的。

为了便于说明，把光源按其显色性分成三类（表 3-12）。

CIE1975 年的《室内照明指南》中所提出的灯的颜色显现类别　表 3-12

颜色显现类别	显色指数 *Ra* 的范围	色表	应用举例
1	*Ra*≥85	冷	纺织工业、油漆和印刷工业
		中间	商店、医院
		暖	家庭、旅馆、饭馆
2	70≤*Ra*＜85	冷	办公室、学校、百货店、精细工业工作室（在热带国家）
		中间	办公室、学校、百货店、精细工业工作室（在温带国家）
		暖	办公室、学校、百货店、精细工业工作室（在寒带国家）
3	*Ra*＜70 的灯，但其显色性对于一般的工作室是足够的		显色性比较不重要的室内
S(特殊的)	具有特殊显色性的灯		特殊应用

表 3-12 中 S 类为特殊场所使用的光源，是专门为了产生颜色畸变或突出某种颜色而设计的。而另外一些特殊场所，如对分辨色彩有严格要求的场所，其照明灯具的显色性也极严格，在这里，最小的显色指数应该是 90。博物馆、验色室、医院、画室等，选择的光源是为了显现物体或病人的真实颜色，也就是为了得到"逼真的"颜色显现，所选的光源在光谱组成方面要接近日光的显色性，见表 3-13。

荧光灯的显色指数　表 3-13

显色指数 Ra	光源
100	参照光源（重组日光，普朗克辐射体）
(92～97)	超级白色荧光灯
90 (92～95)	氙灯
80	高级白色荧光灯
70	
60	“标准白色”荧光灯
50	“标准暖白色”荧光灯
90～100	“真实的”颜色显现
70～90	好的颜色显现
50～70	普通的颜色显现

显色指数 Ra 值并没有告诉我们关于单个物体的颜色显现情况，只有显色指数值非常高时的，比如说显色指数为 95 的情况下，才能使物体显示出其真实的颜色，显色指数 Ra 值为 70 或更低时，多半会使物体的固有色产生显著的颜色畸变。

但在实际运用当中，Ra 值为 100 的光源不一定就意味着颜色显现都是理想的，也不一定意味着 Ra 值较低的光源在颜色显现方面就总比参照光源差。实际上，在 Ra 值较低的照明环境中，肤色和其他物体色（如肉、菜）显得比日光照明光下更吸引人，在这种意义上，可以说它比参照光源更为“丰富”。将来可能会增加一种指数——颜色偏爱指数或别的叫法，出发点不是着眼于物体的“真实颜色”，而是特定照明领域中“所偏爱的颜色”。

3.6.6　色适应

色适应这个术语是描述眼睛适应周围颜色的能力。由于这种色适应的现象，使处于不同光谱组成和不同色表光源下的物体颜色看起来没有差别。例如，同一种植物在白炽灯照明下给人的印象和在日光照射下给人的印象一样。其实在白炽灯照射下所测得的色品坐标和在日光照射时所测得的色品坐标之间存在着极大的差别，如果能将不同状态下的同一物体放在一起比较，那么这种差别就变得清晰可见了。

当然，在这种色适应现象中，人的生理因素起到决定作用，像记忆力和把某些物体和表面与某些颜色（如草地是绿色、天空是蓝色）联想起来的能力等。

以上对于同类的光源，像各种普朗克辐射体，就其光谱能量分布而论，它们没有本质的差别，色适应实际上是完全的，对所有的物体色都是这样。如果光源的光谱组成彼此不同，色适应就只限于白色和中性灰色。例如，在日光下是白色的一张纸，在暖白色光源之下也会被看成是白色，但是对于其他物体色，将会出现不同程度的颜色畸变。

3.6.7　室内色彩设计

如图 3-36，室内的色彩设计是影响室内的视觉舒适感的另一个重要因素。

为了得到高效率的照明，主要表面应该采用淡颜色，顶棚通常是白色或近似白色，其它如墙面、地面、家具、陈设等表面通常是有色的，或者部分有色。

虽然人对色彩的嗜好随年龄、性别、气候、社会风气甚至种族差异而不同，但还是能够总结出许多关于表面颜色和光源色表的一般规律来。

(1)“暖色”表面的物体在“暖色”光照射下比在“冷色”光照射下看起来要更愉快些，而缺乏短波能量的暖色光或多或少地“压制”冷色调颜色，使冷色调的颜色无法正确显现。

(2) 对一定范围的物体颜色来说，最合适的光源是其色表在“冷”和“暖”之间的那些光源，因此，这类光源在这一点上可以称为“安全”光源。

(3) 背景（如墙、顶棚和大面积物体）的最佳颜色不是白色就是饱和度非常低的淡色，因此这样的颜色可以称为“安全”的背景颜色。当希望产生对比时，非常暗的背景颜色是可以接受的，而中等明度和中等饱和度的墙面颜色则是所有背景色中最差的。

(4)一种表面颜色是否令人感到愉快，与背景颜色的关系最为密切，因此，背景颜色选择得好可以不同程度地减轻光源光色影响，反之，如果背景颜色选择得不好，就会损坏“好颜色”的效果。

(5)人们普遍喜欢的物体颜色是蓝色、蓝绿色和绿色，与光源的色表和背景的颜色无关。因此，可以认为这些颜色是安全的物体颜色。在这些颜色之后，按照人们喜欢的次序排列，依次是红色和橙色，黄色最差。

(6) 大面积表面的颜色最好是淡而非饱和的颜色，而小物体最好的颜色是非常饱和的那些颜色。

(7) 妇女通常喜欢暖色（如红色、橙色、黄色)，与此相反，男人通常喜欢蓝色和绿色。

(8) 通常认为食品的颜色在暖色光之下比在冷色光之下好。

(9) 色调相同或相似的两种颜色在颜色图板上的位置接近比远离看起来更为和谐。

(10)色彩只有在创造既生动而富于变化的环境时才是令人满意的，虽然某种色彩环境本身是令人愉快的，但大量的重复这种设计就会导致不愉快和单调，而得到与愿望相反的效果。

第4章　光　源

人造光源包括烛光、火炬、电灯等等，所有通过人的行为而得到的光，都可以称之为人造光源。

电灯可以分成两大类。白炽灯和气体放电灯。白炽灯的光是由电流流经灯丝使灯丝达到高温而产生的。气体放电灯没有灯丝，但它的光是由两个电极间的气体激发而产生的，如图 4-1。

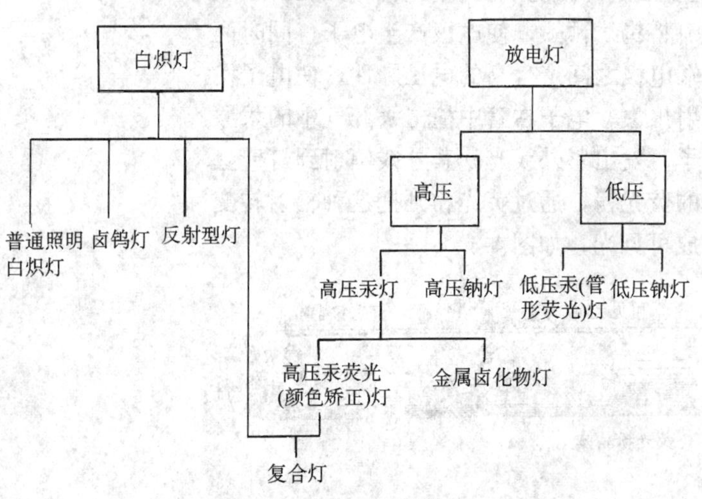

图 4-1　电灯的一般分类

4.1　白炽灯

白炽灯是由支撑在玻璃柱上的钨丝以及包围它们的玻璃外壳、灯帽、电极等组成，白炽灯的发光原理是由于电流通过钨丝时，钨丝热到白炽化而发出可见光。当温度达到 500℃左右，开始出现可见光谱并发出红光，随着温度的增加由红色变为橙黄色，最后发出白色光。

白炽灯寿命在 1000h 左右。

为了减少热损耗和钨丝的蒸发，40W 以下的灯泡内抽成真空，40W 以上则充以惰性气体氩、氮或氩氮混合气。

普通白炽灯：

普通照明白炽灯是由周围充有惰性气体的螺旋钨丝和密闭的玻壳组成。为使灯光柔和，采用酸在玻壳内表面上腐蚀，使其成为磨砂表面，也可在玻壳内壁涂上有漫反射性能的白色涂层。

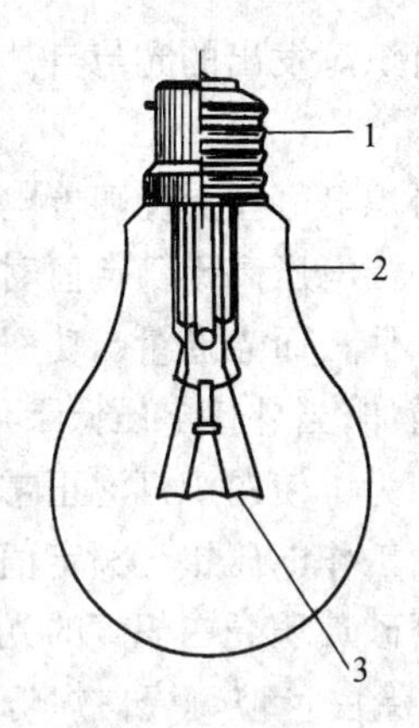

图 4-2　普通照明白炽灯（GLS）
1—灯头（螺口或卡口）；2—玻壳；3—灯丝

反射型白炽灯：

在白炽灯玻壳内表面有一部分是镜面，起反射光线作用。反射型白炽灯按其加工工艺可分为两大类，即压制玻壳型和吹制玻壳型，如图 4-3。

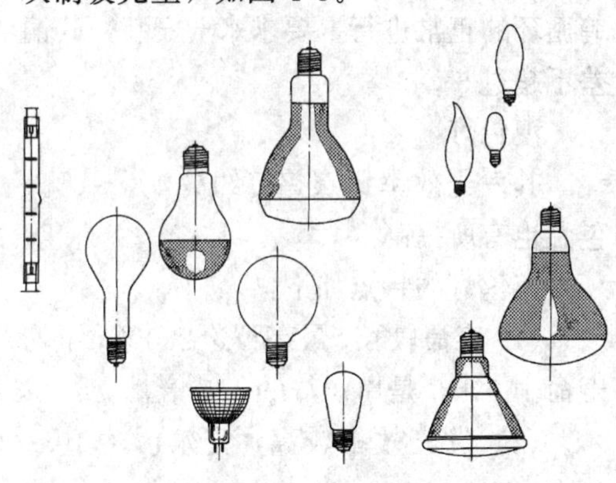

图 4-3　白炽灯的各种灯型

白炽灯的特点如下：

（1）有高度的集光性，便于光的再分配。

（2）适于频繁开关，点灭对性能及寿命影响小。

(3) 辐射光谱连续，显色性好。

(4) 使用安装简单方便。

(5) 光效较低。

(6) 色温在2700～2900K，适用于家庭、旅馆、饭店以及艺术照明、信号照明、投光照明等。

(7) 白炽灯发出的光与自然光相比较呈橙红色。

(8) 白炽灯灯丝温度随着电压变化而变化，当外接电压高于额定值时，灯泡的寿命显著降低，而光通量、功率及发光效率均有所增加。当外接电压低于额定值时，情况相反，为了使白炽灯泡正常使用，必须使灯泡的工作电压接近额定值。

(9) 磨砂玻璃壳白炽灯的光通量要降低3%，内涂白色玻璃壳白炽灯的光通量要降低15%，乳白色玻璃壳白炽灯的光通量要降低25%。

4.2 卤钨灯

这种灯为白炽灯中的一种。

碘钨灯：

能有效地防止灯泡的黑化，使灯泡在整个寿命期间保持稳定的透光，减少光通量的损失。一般双端型碘钨灯为了使灯管温度分布均匀和防止出现低温区，保持碘钨循环的正常进行，要求水平安装，其偏差不超过5°。

溴钨灯：

其发光效率比碘钨灯约高4%～5%，色温也有所提高。

卤钨灯的特点如下：

(1) 寿命较长，最高可达2000h，平均寿命1500h，是白炽灯的1.5倍。

(2) 发光效率较高，光效可达10～30lm/W。

(3) 显色性能较好，能与电源或电池简单连接。

(4) 灯管在使用前应用酒精擦去手印和油污等不洁物，否则会影响发光效率。

(5) 它与一般白炽灯比较，其优点是体积小、效率高、功率集中，因而可使照明灯具尺寸缩小，便于光的控制，适用于体育场、广场、会场、舞台、厂房车间、机场火车、轮船、摄影。

(6) 卤钨灯不适用于易燃、易爆以及灰尘较多的场所，因卤钨灯工作温度高、灯丝耐振性差，不宜在振动场所使用，否则将会因振动使灯管损坏。

4.3 荧光灯

荧光灯是一种预热式低压汞蒸气放电灯。灯管内充有低压惰性气体氩及少量水银，管内壁涂有荧光粉，两端装有电极钨丝。当电源接通后灯管启动器开始工作，电流将钨线预热，使电极产生电子，同时两端电极之间产生高的电压脉冲，使电子发射出去，电子在管中撞击汞蒸气中的汞原子，发出紫外线光，紫外线辐射到灯壁上的荧光粉，通过荧光粉则把这种辐射转变成可见光，如图4-4。

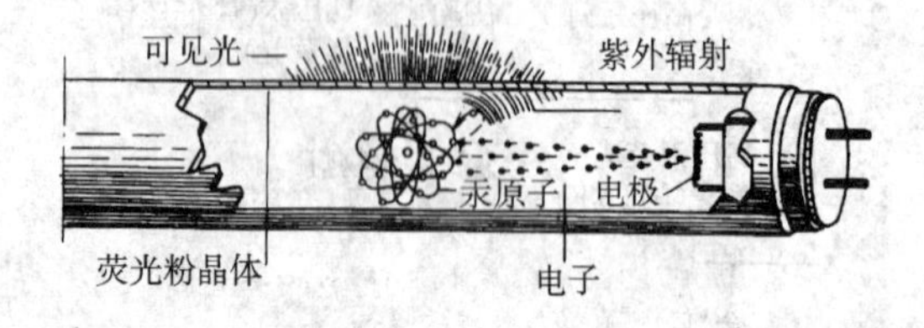

图4-4 荧光灯

荧光灯有以下几种颜色：

月光色：色温6500K与微阴的天空光相似，接近自然光，有明亮感觉，使人的视觉开阔，精神集中。适用于办公室、会议室、教室、设计室、图书馆，阅览室、展览橱窗等场所。

冷白色：色温4300K与日出2h以后的太阳直射光相似，白色光效较高，光色柔和，使人有愉快、舒适、安详的感觉，适用于商店、医院、办公室、饭店、餐厅、候车室等场所。

暖白色：色温2900K与白炽灯近似，红光成分多，给人以温暖、健康、舒适的感觉，适用于家庭、住宅、宿舍、医院等场所。

荧光灯的特点如下：

(1) 寿命长：灯管寿命可达3000h以上，平均寿命约比白炽灯大2倍。

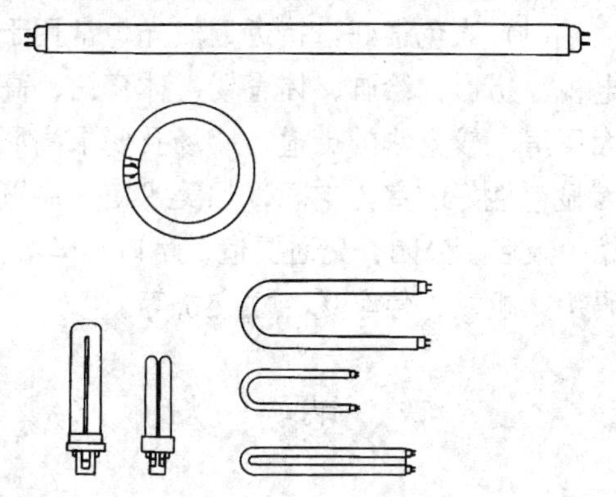

图4-5 荧光灯的常见灯型

(2)点燃迟：荧光灯通电后需经过3～5s才能发光。

(3) 造价高：荧光灯的一次性投资和维护费用比白炽灯高许多。

(4) 有霎光效应：不能频繁开闭，启动次数对管寿命有很大影响，荧光灯的寿命在很大程度上取决于它的启动次数。

(5) 功率因数低：荧光灯的功率因数一般在0.5左右，只有加装电容器后功率因数才能提高。

(6)受环境温度的影响大：荧光灯光通量随周围温度高低而增减，而且灯管启动也受环境温度和湿度的影响，当环境温度低于15℃时，启动就困难，当低于－5℃时便无法启动，最合适的环境温度为18～25℃。

(7)发光效率高：每瓦在25～67lm左右，包括镇流器的损耗在内发光效率约比白炽灯大3倍，因此荧光灯应用比较广泛。

(8) 光线柔和：灯管发光面积大，亮度高，眩光小，不装散光罩也可使用。

(9) 光谱成分好：可由不同的荧光粉调和成各种不同的颜色，以适应不同场所的需要。

4.4 高压放电灯

高压放电灯的工作原理是电流流经一个充有高压气体的，小放电管内经过放电而产生的，和荧光灯不同，放电管被封在一个外玻壳或外玻管中，外玻壳的作用之一是避免大气对放电管的影响，如图4-6、图4-7。

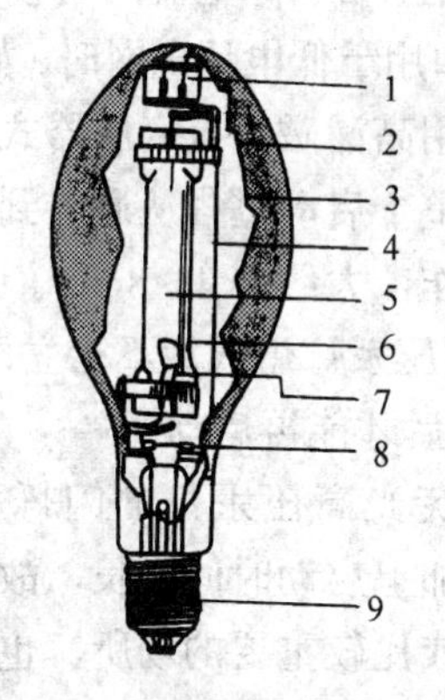

图4-6 高压荧光汞灯

1—支撑弹簧；2—卵形硬质玻璃外壳；3—内荧光粉涂层；4—导线/支撑；5—石英放电管；6—辅助电极；7—主电极；8—起动电极；9—螺口灯头

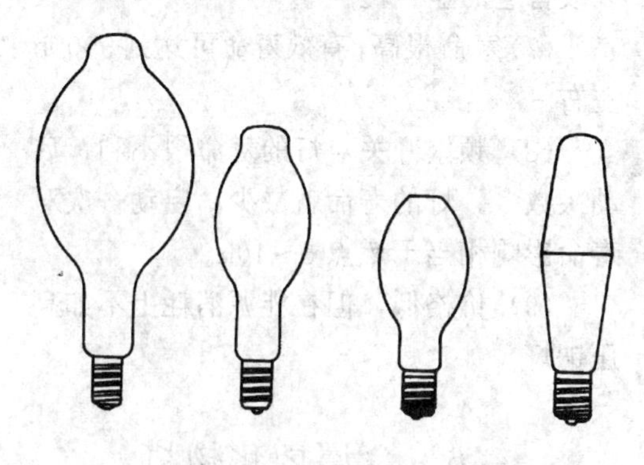

图4-7 高压放电灯常见灯型

4.5 高压汞灯

高压汞灯又叫高压水银灯，它的光谱能量分布和发光效率主要由汞蒸气来决定。汞蒸气压力低时，放射短波紫外线强，可见光较弱，当气压增高时，可见光变强，光效率也随之提高。

按照汞蒸气压力的不同，汞灯可以分为三种类型：第一种是低压汞灯，汞蒸气压力不超过0.0001MPa大气压，发光效率很低。第二种是高压汞灯，汞蒸气压力为0.1MPa，气压越高，发光效率也越高，发光效率可达到50～60lm/W。第三种是超高压汞灯，汞蒸气压力达到10～20MPa或以上。按照结构的不同，高压汞灯可以分为外镇流和自镇流两种形式。

高压汞灯的特点：

(1) 必须串接镇流器。

(2) 用于220V电流网时使用电感镇流即可，如用于低电压电网时（如110V），则必须采用高漏磁电抗变压器式镇流器。

(3) 整个启动过程从通电到放电管完全稳定工作，大约需4～8min。

(4)高压汞灯熄灭后不能立即启动，需5～10min后才能再启动。

(5) 荧光高压汞灯的闪烁指数约为0.24，再加上启动时间过长，故不宜用在频繁开关或比较重要的场所，也不宜接在电压波动较大的供电线路上。

(6) 光色为蓝绿色，与日光的差别较大，显色性差，需在内表壁上涂敷荧光粉，以改善它的显色性。

(7)寿命很高，有效寿命可达到5000h左右。

(8) 频繁开关对灯的寿命很不利，启动次数多，灯的寿命就减少，启动一次对寿命影响相当于燃点5～10h。

(9) 价格低，但在能源消耗上不如高压钠灯。

4.6 金属卤化物灯

金属卤化物灯的灯泡构造，是由一个透明的玻璃外壳和一根耐高温的石英玻璃放电内管组成。壳管之间充氢气或惰性气体，内管充惰性气体。放电管内除汞外，还含有一种或多种金属卤化物（碘化钠、碘化铟、碘化铊等）。卤化物在灯泡的正常工作状态下，被电子激发，发出与天然光谱相近的可见光。

金属卤化物灯的特点：

(1) 金属卤化物灯尺寸小、功率大(250～2000W)，发光效率高，但寿命较低。

(2) 有较长时间的启动过程，从启动到光电参数基本稳定一般需要4～8min，而完全达到稳定需15min。

(3)在关闭或熄灭后，须等待约10min左右才能再次启动，这是由于灯工作时温度很高，放电管压力很高，启动电压升高，只有待灯冷却到一定程度后才能再启动。采用特殊的高频引燃设备可以使灯能够迅速再启动，但灯的接入电路却因此而复杂。

(4) 光色很好，接近天然光，常用于电视、摄影、绘画、体育场、体育馆、高大厂房、较繁华的街道、广场及要求高照度显色性好的室内空间，如美术馆、展览馆、饭店、公园、交通要道、路口、车站、码头、机场、停车场、立交桥等。

4.7 钠　灯

钠灯光线柔和，发光效率高。钠灯分低压钠灯和高压钠灯两种，低压钠灯发出的光是单色黄光，高压钠灯光色比低压钠灯好。

(1) 低压钠灯：

光效率高，一般可以达到75lm/W，一个90W的灯泡，光通为12500lm，相当于4个40W的日光灯，或1个750W的白炽灯或一个250W高压水银灯的效果。

(2) 寿命长，一般为2000～5000h，有的可达6000h。

(3) 启动后8～10min可达到光通量最大值，低压钠灯容许电源瞬时中断时间为6～15ms，热态灯在1min左右可以再启动，一般情况下外界环境温度的变化，不会影响灯的启动性能。

(4) 显色性差，呈黄色单色光，几乎不能分辨颜色。但单色黄光能提高视觉的敏感度，透雾能力强，可用于室外环境的照明。

高压钠灯：

(1) 色温为2300K，发出全白光，光效为117lm/W。

(2) 寿命很长，一般为5000h左右。

(3) 高压钠灯为冷启动，可以在任意环境点燃，启动时间较快，从启动到主光通量输出达到80%时约需4min，再启动时间约1min。

(4)高压钠灯受环境温度的影响小，环境温度在－40～100℃范围内，灯的性能不受影响而能正常工作。对灯的安装位置有一定要求，一般灯头在上。适用于室外及高大的室内空间，如机场、码头、车站、厂房、体育馆等。

(5)高压钠灯多以混光的形式出现，可获得光效率高、照度高、光色改善等好处。

4.8 氙灯

氙灯有以下几个特点：

(1) 其光色很好，接近日光，显色性好。

(2) 启动时间短，氙灯点燃瞬间就有80%的光输出。

(3) 光效高，发光效率达22～50lm/W，被称做“人造小太阳”。

(4) 寿命可达1000h以上。

(5) 氙灯的功率大、体积小，一支220V、20000W的氙灯，体积相当于一支40W日光灯那么大，而它的总光通量是40W日光灯的200倍以上。

(6) 不用镇流器，灯管可直接接在电网络上，其功率因数近似等于1，使用方便，节省电工材料。

(7) 氙灯紫外线辐射比较大，在使用时不要用眼睛直接注视灯管，用作一般照明时，要装设滤光玻璃，以防止紫外线对人们视力的伤害。

(8) 氙灯的悬挂高度，视功率大小而定，一般为得到均匀和大面积照明的目的，选用3000W灯管时不低于12m，选用10000W灯管时不低于20m，选用20000W灯管时，不低于25m。

氙灯根据性能主要分为4种：直管形氙灯、水冷式氙灯、管形汞氙灯、管形氙灯。

直管形氙灯：

功率大，体积小，光色好，光效高，功率因数高，启动方便，随开随亮，不需镇流及冷却装置。适用于广场、城市主要街道、机场、车站、码头、大型工地、厂房、体育场、体育馆以及其它需要大面积高亮度的照明场所。直管形长弧氙灯在使用前应用纱布沾上酒精擦去灯管上的手印、油污等不洁物，以免点燃后透光受影响。启点时必须配用相应的触发器，按触发器使用说明书的接线图正确接入网路内，接线应当牢固，以防发热烧坏触发器。由于灯在高频高压下启点，因此高压端配线对地应有良好绝缘性能，其绝缘强度不应小于30kV。灯在燃点时有大量的紫外线辐射，因此人不要长时间近距离接触，以免紫外线烧伤。

水冷式氙灯：

具有显色性好，光色近似日光，表面温度低，不需用镇流器等特点。这种灯一般开启时所需电压不低于210V，点灯电压不超过235V。灯在使用过程中，需注意冷却水的流量，出口水温度不超过50℃。长期使用如发现套管有水锈，应及时除掉以免影响光输出。

管形汞氙灯：

管形汞氙灯是一种水银弧光灯，既具有汞灯的特点，又具有氙灯的特点，如光效高、紫外线辐射强、光色较汞灯佳，适用于船舶、机场、码头、车站等作大面积照明，此外还可以用于照相制板、老化试验、印刷等工业方面。安装时灯管必须与相应的镇流器及触发器配套使用。灯管外壁须用纱布沾上酒精擦净。为防止紫外线辐射，灯管安装时必须装有灯罩。灯管工作电压波动值为±5%。

管形氙灯：

管形氙灯是较理想的光源，可见光部分接近于太阳光谱，点燃方便，不需要镇流器，自然冷却，能瞬时启动，可直接在交流电网中使用，适用于广场、海港、机场的照明。点燃时会产生一定的紫外线辐射。

4.9 复合灯

是由内壁涂有荧光粉的玻壳、与钨丝串联在一起的汞放电管及惰性气体组成。灯丝既起放电灯的镇流器作用，又稳定了灯管电流。复合灯不再需要其他镇流器，同白炽灯一样，可以直接接入线路上使用。

复合灯的效率和寿命是白炽灯的2～

5倍，然而同高压钠灯相比，它的效率就比较低，寿命相对也短些。

4.10 霓虹灯等装饰用光源

霓虹灯又称氖气灯，也叫年红灯。霓虹灯不能作照明光源使用，一般用于装饰照明。

霓虹灯管是一根密封的玻璃管，管径在5～45mm之间，管内抽真空后充入氖、氩、氦等惰性气体中的一种或多种，还可充入小量的汞。灯管的玻璃可以是无色的，也可以是彩色的，管内壁还可以涂上荧光粉。根据充入的气体，以及管玻璃的色彩和荧光粉的作用，可以得到不同光色的霓虹灯。

霓虹灯的光色与充入气体、管玻璃色彩和荧光粉的关系见表4-1。

霓虹灯色彩与管内气体、玻璃管色和荧光粉的关系　　表4-1

光　色	管内气体种类	玻璃管颜色	有无荧光粉
红　色	氖	无　色	无
桔红色		绿　色	
玻璃色		蓝　色	
火黄色		奶黄色	
淡玫瑰色	氩、少量汞	淡玫瑰色	
玉　色		玉　色	
绿　色		绿　色	
蓝　色		蓝　色	
白　色		白　色	
黄　色		黄　色	有
金黄色		金黄色	
淡绿色		无　色	
淡红色	氖、氩、少量汞	无　色	
淡红色	氦	无　色	无
金黄色		黄　色	

霓虹灯要通过变压器将10～15kV高压加在霓虹灯上，才可发光，并要有接地保护，所以在安装霓虹灯的地方要注意保护，避免人能够触及。

常用的装饰用光源除霓虹灯外，现在还采用激光、发光二极管、光导纤维等高科技手段来丰富光环境内的装饰因素。如图4-8～图4-10。

(*a*)

(*b*)

图4-8　激光创造出的梦幻般的舞台效果

(*a*) 为电脑设计图；(*b*) 为实际灯光效果

图4-9　装饰照明

科宁公司总部的墙面灯光效果是运用光学原理，使用了双色滤光镜、反光镜、和各种棱镜对光的反射而成。

图 4-10 装饰照明

达林公园星象厅的顶部星象图是由光导纤维组成。

4.11 光源性能比较

常用照明电光源的性能比较 **表 4-2**

性能项目＼光源种类	白炽灯		荧光灯	荧光高压汞灯		高压钠灯		金属卤化物灯
	普通白炽灯	卤钨灯		普通型	自镇流型	普通型	高显色型	
额定功率范围（W）	15～1000	500～2000	6～125	50～1000	50～1000	35～1000	35～1000	125～3500
发光效率（lm/W）	7.4～19	18～21	27～82	25～53	16～29	70～130	50～100	60～90
寿命（h）	1000	1500	1500～5000	3500～6000	3000	6000～12000	3000～12000	500～2000
一般显色指数	99～100	99～100	60～80	30～40	30～40	20～25	＞70	65～85
色温（K）	2400～2900	2900～3200	3000～6500	5500	4400	2000～2400	2300～3300	4500～7500
启燃时间	瞬时	瞬时	1～3s	4～8min	4～8min	4～8min	4～8min	4～10min
再启燃时间	瞬时	瞬时	瞬时	5～10min	3～6min	10～20min③	10～20min③	10～15min
功率因数	1	1	0.33～0.53①	0.44～0.67	0.9	0.44	0.44	0.40～0.61
频闪现象	不明显	不明显	明显	明显	明显	明显	明显	明显
表面亮度	大	大	小	较大	较大	较大	较大	大
电压变化对光通量的影响	大	大	较大	较大	较大	大	大	较大
环境温度对光通量的影响	小	小	大	较小	较小	较小	较小	较小
耐震性能	较差	差	较好	好	较好	较好	较好	好
所需附件	无	无	镇流器、启辉器②	镇流器	无	镇流器、触发器④	镇流器、触发器④	镇流器、触发器④

①采用电子镇流器时功率因数＞0.9；
②采用快速启燃与瞬时启燃线路时不用启辉器；
③用外触发器时为1～2s；
④采用外触发时才需要。

4.12 光源的选择

1. 按照明要求选择光源

不同场所对照明的要求各不相同，如美术馆、商店、酒店、博物馆等场所的照明需要有较高的显色性能，应选用平均显色指数 Ra 值不低于 80 的光源。对于光环境舒适程度要求高的场所，当照度小于 100lx，最好选用暖光源；当照度在 200lx 以上时，最好选用中间色光源。

频繁开关光源的场所宜采用白炽灯或卤钨灯，不宜采用高压气体放电灯。

需要调光的场所宜采用白炽灯或卤钨灯。

室内的应急照明和不能中断照明的重要场所（如宴会厅、会议厅），不能采用启燃与再启燃时间长的高压气体放电灯。

美术馆、博物馆的展品照明不宜采用紫外线辐射量较大的光源，如金属卤化物灯和氙灯。

要求防射频干扰的场所应慎用气体放电灯，一般不宜采用具有电子镇流器的气体放电灯。

高大空间的场所，如大型会场、展厅、体育馆等，应选用高强度气体放电灯。

办公室、一般工作场所等视觉对象较稳定而照度要求高的场所，宜采用荧光灯。

2. 按环境条件选择光源

环境因素常常限制一些光源的使用，这就要求设计师要考虑选择环境许可的光源。

预热式光源如荧光灯在低温时启燃困难。在环境温度过低或过高时，荧光灯的光通量下降较多。在空调的房间内不宜过多选用发热量大的白炽灯和卤钨灯等。

电源电压波动急剧的场所，不宜选用容易自熄的高压气体放电灯。

在需要高速作业的场所，如体育场等，不宜选用频闪现象明显的气体放电灯。

有振动的场所和紧靠易燃物品场所不宜用卤钨灯。

3. 按经济合理性选择光源

首先要考虑一次性投资，可选用高光效的光源，以减少所需光源的数量，还要考虑电气设备、材料数量、安装工艺及材料的市场价格等，这些因素都直接影响一次性投资数额。

其次要考虑运行费用，如电费、灯泡耗用费、照明设备等的维护，以及折旧等费用。

表 4-3、表 4-4。

各种场所对照明电光源性能的要求及推荐的光源（CIE 1983） **表 4-3**

使用场所		对光源性能的要求①			推荐光源（☆：优先选用；○：可用）											
		光通量②	显色性	色温	白炽灯		荧光灯				汞灯	金属卤化物灯		高压钠灯		
					普通	卤钨灯	标准型	高显型	三基色	紧凑型	荧光	标准型	高显型	普通型	改显型	高显型
工业建筑	高顶棚	高	3/4	暖/中		○	○				○	○		☆	○	
	低顶棚	中	3/2	暖/中			☆				○	○		☆	☆	
办公室、学校		中	3/2/1B	暖/中			☆		☆	○		○	○	○	○	
商店	一般照明	高/中	2/1B	暖/中	○	○	○	☆	☆	○			☆			☆
	陈列照明	中/小	1B/1A	暖/中	☆	☆		☆	☆							☆
饭店与旅馆		中/小	1B/1A	暖/中	☆	☆	○	○	☆	☆			○			☆
博物馆		中/小	1A/1B	暖/中	○	☆		☆	○							
医院	诊断	中/小	1B/1A	暖/中	☆	○		☆								
	一般	中/小	2/1B	暖/中	○	○	○		☆							
住宅		小	2/1B/1A	暖/中	☆		○		☆	☆						
体育馆③		中	2/3	暖/中		○	○					☆	☆	○	☆	

①各种场合都需要光效高的光源，不但光源的光效要高，而且照明总效率要高，同时应满足显色性的要求，并适合特定应用场所的其他要求。

②光通量值高低按下述分类：高——大于 10000lm，中——3000~10000lm，小——小于 3000lm。

③需要电视传播的体育照明，应满足电视演播照明的要求。

各类代表性型号灯泡的比较 表 4-4

灯泡型号 (A) 透明玻壳 (B) 漫反射层或荧光粉层玻壳	发光效率 (lm/W)		显色性 (显色指数)	色　表	亮　度 (cd/cm²)
	灯　泡	灯泡+ 镇流器			
普通照明白炽灯 100W (A)	14①		优良 (100)	优良	700
普通照明白炽灯 100W (B)	13①		优良 (100)	优良	3
卤钨白炽灯 100W (A)	30① (100h 寿命)		优良 (100)	优良	1500
卤钨白炽灯 1000W (A)	22① (2000h 寿命)		优良 (100)	优良	1000
高压汞灯 400W (A)	52	49	中等 (20)	中等 (蓝色)	460
高压汞灯 400W (B)	57	54	中等 (40)	合适	12
复合灯 250W (B)	22	22②	中等 (40)	合适	5
高压钠灯 400W (A)	120	110	中等 (25)	中等 (黄色)	600
高压钠灯 400W (B)	117	107	中等 (25)	中等 (黄色)	25
金属卤化物灯 400W (A)	80	75	合适 (65)	好	600
金属卤化物灯 400W (B)	75	70	合适 (65)	好	14
荧光灯					
颜色 84/36W	96	75	好 (86)		1.2
颜色 33/36W	86	67	合适 (66)		1.1
颜色 37/40W	43	35	优良 (96)	优良	0.4
SL18W	—	50②	好 (86)		1.5
PL9W	67	—	好 (86)		2.0
低压钠灯 180W	180	150	差	差	0

①不需要镇流器；

②和镇流器结合在一起。

第5章 照明器

5.1 照明灯具的分类

照明灯具是集艺术形式、物理性能及使用功能等多种性能于一身的产物，所以在进行分类时，不可能仅以一种分类形式来概括它们自身所具备的全部特点，如果从灯具的安装方式来进行分类，可以分为台灯、地灯、吊灯等；从灯具的照明性能来进行分类，可分为直接照明、间接照明等；从灯具的使用功能来进行分类，可分为路灯、投光灯、信号灯等。可见，只有从不同的角度进行分类，才能充分说明照明灯具的具体形式及特性，这对我们认识照明灯具，同时进行合理的设计有很大帮助。

下面介绍几种比较有代表性的分类方法。

5.1.1 根据灯具的安装形式进行分类

(1) 台灯、地灯

是以某种支撑物来支撑光源，从而形成统一的整体，当运用在台面上时叫台灯，运用在地面上时叫地灯。

台灯和地灯在使用上有以下几种特点：

在一般情况下主要是作为一种功能性照明，如人们工作的台面照度不够，那么就加一盏台灯，以补充照度；房间内某处很暗，无法看清物体，这时加一盏地灯，就能解决问题，这些都是以满足使用上的要求而设置的。

台灯、地灯多数情况下都是可以移动的，所以可以根据使用的要求，把台灯、地灯移动到任何需要的地方，这也是这种灯型优于其他灯型的一大特点。

台灯、地灯还可以作为一种气氛照明或一般照明的补充照明。如某一空间只有一种照明光源，这时会形成一种呆板的光环境，给人一种死板、沉闷的感觉，如增加一盏或多盏台灯或地灯，就会使整个空间的气氛活跃起来，并能丰富空间的层次。同时一般照明或一种照明方式无法使空间内每个地方或每个角落都能有足够的照度，这时运用台灯、地灯进行补充照明，就会满足功能上的要求，同时又丰富了空间的层次。如在酒店的大堂里进行多种光源组合运用，一方面是要满足不同功能区域内的功能要求，另一方面也达到了一定的艺术效果。

台灯、地灯在使用上有广阔的使用空间，但是由于它与人比较接近，所以在安全处理上要特别注意，避免出现漏电或把人烫伤的情况。同时由于台灯、地灯的光源很底，在人的水平视线范围内，所以还要通过设计处理好眩光，避免给人刺眼的感觉。

图 5-1　台灯、地灯

"比奇灯"，"比奇"是澳洲土著人的语汇，指锹、铲、摇篮、碟子等任何拱形器皿或用具。

图 5-2　英国外交与联邦事务部大楼楼梯间

（2）吊灯

由某种连接物将光源固定于顶棚上的悬挂式照明灯具，叫吊灯。

吊灯在使用功能上有以下几种特征：

1）吊灯由于其安装的特点，是悬挂于室内上空中的，所以它的照明具有广普性，能使地面、墙面及顶棚都能得到均匀的照明，因此吊灯在一般情况下，主要用于空间内的平均照明，也叫一般照明，特别是在较大房间或大的厅堂内。需要得到轻松气氛的环境中，运用吊灯就更为重要，一方面它能使整个空间明亮起来，同时与局部照明或重点照明结合设计使用，也起到柔和光线、减少明暗对比的作用。

2）在室内设计中，我们更要注意它的另一个重要特性，就是装饰性。吊灯多安装于室内顶棚的中部，并悬吊于半空中，它所处的位置正是室内空间中心位置，另外它是以照明器的形式出现，是室内空间中最明亮的物体，所以它的造型和艺术形式在某种意义上就决定了整个空间环境的艺术风格、装修档次。

吊灯还能起到控制室内空间的高度、改善室内空间比例的作用。比如在很高的空间环境中，我们就要考虑吊灯的尺度及悬挂的高度，应使过高的空间变得比例适中，增加亲切感。同样在过大的空间中，我们就要考虑灯具的大小尺度，使灯具与整个空间的比例适合，以调整人在心理上对空间的概念。如图 5-2。

图 5-3　壁灯

壁灯的反射光使整个空间得到了一定的照度，反射光在造型墙面的控制下，形成了明确的明暗变化，丰富了墙面的层次，灯具的精彩造型成为空间内的装饰交点。

（3）吸顶灯

是将照明灯具直接吸附在顶棚上的一种灯具。

吸顶灯在使用功能及特性上基本与吊灯相同，只是形式上有所区别。吸顶灯也同样具有广普照明性，可作一般照明使用；吸顶灯同样具有重点装饰性的作用。与吊灯不同的是在使用的空间上有所区别，吊灯多用于较高的空间环境中，而吸顶灯则多用于较低的空间中。另外，也可以根据设计效果来决定使用吊灯或吸顶灯，如在较高的空间中也可使用吸顶灯，但灯体要长，才能达到理想的视觉效果。

（4）壁灯

安装于墙壁上的灯具叫壁灯。

壁灯有以下几个特征：

1）壁灯具有一定的功能性，如在无法安装其他照明灯具的环境，就要考虑用壁灯来进行功能性照明，比如楼梯间内无法在顶棚安装灯具，而使用壁灯就能解决照明问题。再比如空间不规则的卫生间，也多采用壁灯进行照明的方法。另外在高大的空间内，吊灯无法使整个空间的每个角落都能得到足够的照明，这时选用壁灯来作为补充照明，就能解决照度不足的问题。

2）壁灯设计得当可以创造出理想的艺术效果。首先它可以通过自身造型产生装饰作用，同时它所产生出的光线也可以起到装饰作用，这是它的装饰性。另外，它与其他照明灯具配合使用，可以丰富室内光环境，增强空间层次感，改善明暗对比。比如在大型多功能厅中，一般照明选吊灯或吸顶灯作为重点照明和主要装饰，这时单调的照明会使整个空间感觉很死板，同时单一的光线来源也使受光物体的明暗对比加强，这时如配合造型讲究、能产生柔和光线的壁灯，就会丰富室内光照的角度，改善死板的光照环境，使照度不足的地方得到了适当的补充照明，并且也丰富了墙面装饰。

但是在设计过程中，由于壁灯安装的高度一般很低，所以要避免产生的眩光。一般情况下，应使用低功率的光源，同时对光源要进行遮挡。如图 5-3。

（5）嵌入式灯具

即嵌入到顶棚内的照明灯具，又称下射式照明灯具。

下面我们来分析一下嵌入式灯具的特点。

首先，嵌入式灯具的最大特点就是它能保持建筑装饰的整体统一与完美，不会因为灯具的设置而破坏吊顶艺术设计的完美统一。比如在某厅堂中为创造理想的视觉效果，不易过多设置突出的灯具，这时要想使空间内光照不足的地方得到足够的照明，可考虑设置嵌入式灯具，以补充照明，使整个空间达到理想的照度。这种例子很多，大到酒店大堂、多功能厅，小到卫生间、家具都能得到理想的运用。现在嵌入式灯具也由较大的体量变得愈来愈小，照度及光学质量也有很大的提高，给艺术创作提供了更多的可能性。

图 5-4　嵌入式灯具之一

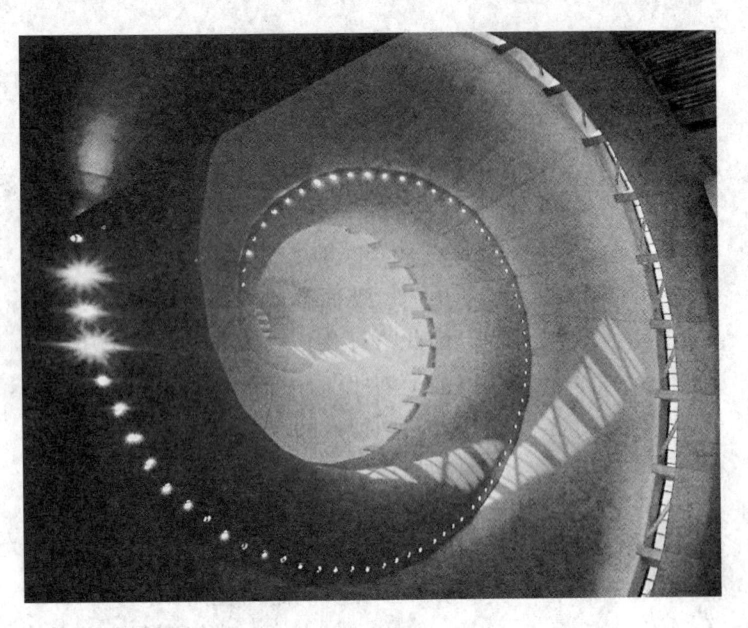

图 5-5　嵌入式灯具之二

由霍克公司设计的美国密苏里州基督教安息日会教堂，用嵌入式灯具可以将建筑室内造型完整地保持下来，给人以整体的美。

嵌入式灯具由于它的结构是把光源藏于建筑装饰内部，光源不外漏，所以不易产生眩光。

嵌入式灯具，是属于定向式照明灯具，只有它的对立面才能受光，不会使空间内每个面都能受光，所以在单纯使用嵌入式灯具的环境中，光线较集中，明暗对比强烈。它的积极意义是使受光面更加明亮，被照物体更加突出，引人注意，另一方面能得到比较安静的环境气氛。如图 5-4、图 5-5。

5.1.2　根据灯具的使用功能进行分类

我们可以把灯具分为：路灯、探照灯、脚光灯、信号灯、标志灯、指示灯、车灯等很多以使用功能来命名的灯具。

5.1.3　根据照明形式（或按配光）分类

室内不同的光照效果，主要是由于不同造型及材质的灯具对光线的控制而形成的。分析所形成的光照结果，我们可以把照明形式归纳为以下 4 种类型。

(1) 直接照明 (direct lighting)

光线通过照明灯具射出，其中有90%～100%的发射光通量到达假定的工作面上，其照明形式为直接照明。如图5-6、图5-7。

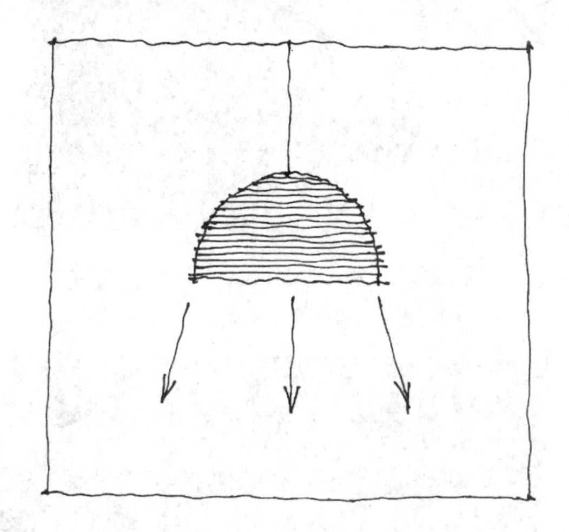

图5-6　直接照明

图5-7　迪斯尼总部大厅

直接照明所选用的照明灯具，必须是定向式照明灯具，只有这样的灯具，才能把所有光线集中投射到指定的工作面上，而不会在非工作面上消耗光能。

这种照明形式，使光全部直接作用于工作面上，光的工作效率很高。但在室内使用单一的直接照明，会产生明暗对比强烈的光环境，对人的生理和心理都会产生强烈的冲击。一方面它的积极作用会使人集中注意力，突出工作面在整个环境中的主导地位，如在展厅中对墙面上的挂品或地面上的展品进行直接照明，就会使展品更加突出，引人注意。又如夜晚在台灯下写作或工作，也能集中注意力，就是这种光环境的作用。另一方面在视觉范围内长时间出现强烈的明暗对比，会使人产生疲劳感，短时间作用又会使人兴奋，如在舞厅、剧院里会有这样的感受。

(2) 间接照明 (indirect lighting)

照明器的配光是以10%以下的发射光通量直接到达假定的工作面上，剩余的发射光通量90%～100%通过反射间接地作用于工作面上，这种照明形式为间接照明。如图5-8、图5-9、图5-10。

采用间接照明方式，多选用不透光材料来制作灯具。因采用反射光线的方式来达到照明的效果，所以消耗的光能比较大，其原因是发射光通量不能直接到达工作面，在反射过程中，由于反射面的材料、质感、色彩的反射比不能达到百分之百，使发射光通量在反射过程被部分消耗，所以说它的工作效率较低。

间接照明方式，是通过反射光来进行照明的，所以工作面得到的光线就比较柔和，其表面照度要比非工作面上的照度低，所以一般情况下，多与其他照明形式结合使用。

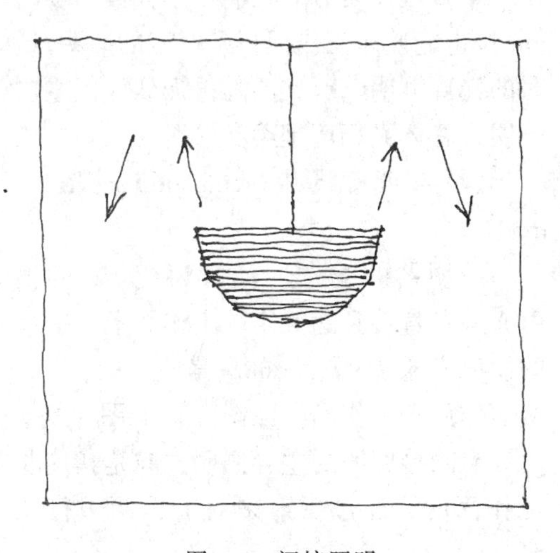

图5-8　间接照明

(3) 半直接照明 (semi-direct ligh-ting)

照明器的配光是以60%～90%的发射光通量向下并直接到达假定的工作面上，剩余的发射光通量是向上的，通过反射作用于工作面，这种照明形式叫半直接照明。如图5-11。

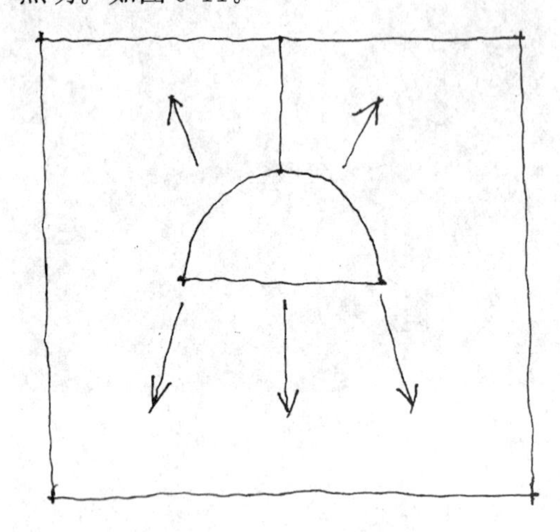

图5-11 半直接照明

半直接照明方式是以对工作面进行直接照明为主要目的，在对工作面照明的同时，对非工作面进行辅助照明。

采用半直接照明方式，一般选用半透明的材料来制作照明灯具，使配光可以通过灯具射向非工作面。如果选用不透光材料，就要通过设计和造型使光线能通过灯具射向非工作面，如灯罩上部开口等。

半直接照明方式在满足工作面照度的同时，也能使非工作面得到一定的照明，这时的光环境明暗对比不是很强烈，但主次分明，总体光环境是柔和的。

(4) 半间接照明 (semi-indirect light-ing)

照明器的配光是以10%～40%的发射光通量直接到达假定的工作面上，剩余的发射光通量90%～60%是向上的，只间接地作用于工作面。如图5-12、图5-13。

半间接照明的主导照明方向是指向非工作面的，通过反射来对工作面进行照明。

这种照明方式与间接照明方式很接

图5-9 Andree Putman 设计的会议室家具及照明

图5-10 楼梯间照明

英国伦敦CHANNEL4电视台总部楼梯间，由著名设计师理查德·罗杰斯设计。地面上的灯具使空间得到了均匀的光照，并且形成了超时空的科幻效果。

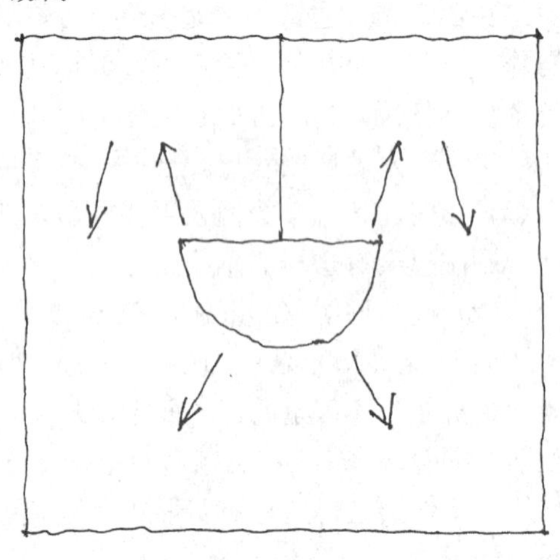

图5-12 半间接照明

图 5-13　半间接照明

近，效果也很接近，只是工作面上能够得到更多的照明，并且没有强烈的明暗对比。

5.1.4　按照明器结构特点分类

开启型：光源裸露在外的照明器，灯具是敞口的或无罩的。一般来讲这种照明器效率较高。

闭合型（保护型）：透光罩将光源包围起来的照明器，一般透光罩内外的空气能够自由流通，有利于散热，但尘埃易进入透光罩内。这种照明器效率主要取决于透光罩的透射比。

图 5-14　一般照明

密闭型：透光罩固定处加以密封，内外空气不流通。根据用途又分防潮型、防水型等。

防爆安全型：这种照明灯具适用于有可能发生爆炸危险的场所，其功能主要是防止爆炸性气体进入照明器内，同时避免由照明器正常工作中产生的火花而引起的爆炸。

隔爆型：这种照明器适用于在正常情况下有可能发生爆炸的场所，其结构特别坚实，即使发生爆炸也不易破裂。

防腐型：这种照明器适用于含有害腐蚀性气体的场所，灯具外壳用耐腐蚀材料制成，且密封性好，腐蚀性不气体不能进入照明器内部。

5.1.5　照明的其他概念

除以上几种典型照明方式以外，还有以下一些概念。

1. 一般照明：设计时不考虑特殊的、局部的照明，而使作业面或室内各表面处于大致均匀照度等级的照明方式。如图 5-14。

2. 局部照明：不特别对周围环境照明，只对工作需要的地方等面积较小、或区域限定的局部进行照明的方式。

3. 漫射照明：光从任何特定的方向并不显著入射到工作面或目标上的照明。如图 5-15。

4. 定向照明：本词含义在某种意义上与局部照明有相同之处，只是前词主要指工作面上的特征，本词指照明器的特征。其定义为光从显然清楚的方向，且显著入射到工作面或目标上的照明。如图 5-16。

5. 混合照明：由一股照明与局部照明所组合而成的照明方式。如图 5-17。

6. 重点照明：为了强调特定的目标而采用的定向照明方式。重点照明多指某点或面积很小的面。

图 5-15　漫射照明（D・E・肖公司）

图 5-16　定向照明

图 5-17　混合照明

7. 泛光照明：与重点照明相对的一种照明方式，其照明目的不是针对某目标，而是更广泛的环境和背景。如图 5-18。

8. 适应照明、过渡照明（adaptational lighting）：两个空间的明暗对比较大，超过人们眼睛的明暗适应限度，会引起不舒适的感觉，为了缓解这种现象而增设的照明方式。如图 5-19。

9. 正常照明：在正常情况下使用的室内外一般照明方式。

10. 应急照明：在正常照明因故熄灭的情况下，启用专供维持继续工作、保障安全或人员疏散使用的照明。应急灯具带有蓄电池，当接通外部电源时，电池就充电，如果干线断电，应急灯具就自动地进入运行状态，而当外部电源恢复供电时，电池就恢复到充电状态。一般电池的容量最低能维持灯泡工作的 1～2h。

11. 安全照明：在正常和紧急情况下都能提供照明的照明设备及照明灯具。

12. 景观照明：为在夜间能够观赏建筑物的外观和庭园、小景而设置的照明。如图 5-20。

13. 特殊照明：如一些特殊场所需要装备特殊照明器，以适应该场所的特殊环境要求，如防潮湿、防粉尘、防爆等。如表 5-1、表 5-2。

另外，还有以下照明：

造型照明、立体照明、水下照明、舞台照明、道路（交通）照明、事故照明。

图 5-19　适应照明

图 5-18　泛光照明与重点照明

图 5-20　景观照明

国际电工技术委员会（IEC）根据防潮程度对灯具的分类　　表 5-1

灯具类别	符　号	说　明
0		不防水
2	防液滴	防液滴。当灯具以任何角度倾斜，偏离垂线高达 15°时液滴没有损害作用
3	防雨	防雨。与垂线成 60°或小于 60°方向下雨，没有损害作用
4	防溅射	防溅射。来自任何方向的溅射液，没有损害作用
5	防喷射	防水喷射。在规定条件下，由喷嘴从任何方向喷水。没有损害作用
7	水密	防水浸。在规定的压力和时间条件下，绝无水进入灯具

国际电工技术委员会（IEC）根据防尘程度对灯具的分类　　表 5-2

灯具类别	符　号	说　明
0		不防外部固态物体的侵入
1		防止外部大的固态物体的侵入
2		防止外部中等大小的固态物体的侵入
3		防止外部小的固态物体的侵入
5	防尘	防止尘埃的有害沉积。虽不能完全防止尘埃的侵入，但尘埃的进入量不足以影响设备的顺利运行
6	尘密	防尘。完全防止尘埃的侵入

5.1.6　按距高比分类

水平作业面上能否得到均匀的照度，很大程度上取决于照明器的排列方式，也就是距高比，照明器的距高比是指照明器之间的距离 s 与照明器到作业面的距离 h 之比，用 λ 表示：

$$\lambda=\frac{s}{h}$$

对于每一个照明器而言，在其正下方作业面上产生的照度值最大，偏离正下方越远，照度值就越小。假设各照明器在其正下方所产生的照度为 E(图 5-21 中 A、B 两点)，两个照明器中间正下方照度为 $E/2$ (图 5-21 中 C 点)，则整个作业面上的照度就比较均匀，C 点与照明器的连线和竖垂线间的夹角称为半照度角 $\theta_{\frac{1}{2}}$。

$$\tan\theta_{\frac{1}{2}}=\frac{s}{2h}$$

所以距高比为：

$$\lambda=\frac{s}{h}=2\tan\theta_{\frac{1}{2}}$$

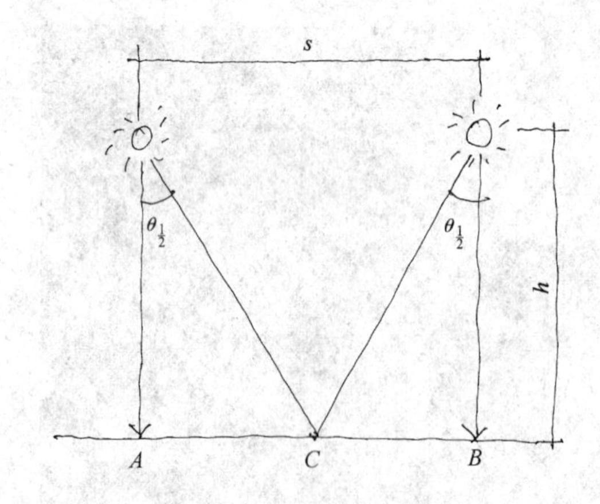

图 5-21　半照度角与距高比

在布置照明器时，使其距高比小于允许距高比值，那么就能得到较均匀的照度。当然，允许距高比取决于照明器的配光特性。

根据允许距高比的数值，把直接照明灯具分为以下 5 类：

1. 特深照型：特深照明器的主要特点是光束集中在狭小的立体角内，因此允许距高比一般小 0.4，特深型照明器主要用于补充照明，或制造某种特殊的气氛或效果。

2. 深照型：深照型照明器发出的光束比较集中，允许距高比在 0.7～1.2 范围内，多用于较高的空间一般照明。

3. 中照型：中照型照明器发出的光束较大，允许距高比约 1.3～1.5 之间，大部分适用于面积较大的空间，这种照明器是应用最广泛的照明用灯具。

4．广照型：广照型照明器具有蝠翼形配光曲线，允许距高比可达2.0，它不仅能使水平工作面上获得较均匀的照度，且能获得较高的垂直面照度，广照型照明器可用于各种空间照明，尤其适用于面积较大的空间。

5．特广照型：特广照型照明器光强值分布在60°垂直角附近，而0～30°范围内光强较小，允许距高比达4.0以上，这种照明器一般用于街道、广告或特大空间。如表5-3。

直接型照明器按距高比分类时的配光特性 **表5-3**

与光轴所夹的角度θ	名称	特深	深照Ⅰ	深照Ⅱ	深照Ⅲ	中照Ⅰ（余弦）	中照Ⅱ	广照Ⅰ	广照Ⅱ
	符号	ZTS	ZSⅠ	ZSⅡ	ZSⅢ	ZOⅠ	ZOⅡ	ZGⅠ	ZGⅡ
	允许λ	0.4	0.7	1.0	1.2	1.3	1.5	2.0	4.0
	配光图形								
0°	光强相对值	1.0	1.0	1.0	1.0	1.0	1.0	1.0	1.0
10°		0.61	0.92	0.95	0.985	0.985	0.985	1.01	1.08
20°		0.04	0.57	0.86	0.978	0.940	0.995	1.075	1.20
30°		0	0.11	0.57	0.84	0.866	1.02	1.25	1.50
40°			0	0.20	0.41	0.766	0.92	1.40	2.0
50°				0	0	0.643	0.72	1.30	3.25
60°						0.500	0	0.54	5.30
70°						0.342		0	3.5
80°						0.174			0
90°						0			

5.1.7 建筑化照明

一般是光源或灯具与建筑结构合为一体，或与室内装饰结合为一体，它的好处是，一方面，对建筑及室内的设计效果来说，可以达到完整统一，不会破坏室内装饰的整体性；另一方面，光源一般都比较隐蔽，这样可以避免眩光，从而产生良好的光照环境。

1．发光顶棚

室内吊顶部分或大部分为透光材料，并在吊顶内部均匀设置光源，这种可发光的吊顶叫发光顶棚，或叫发光顶。如图5-22。

发光顶棚应具有均匀的亮度，所以吊顶内的光源要求排列均匀，并保持合理的间距，间距过大发光顶棚的亮度就不均匀，间距过小又浪费能源，并使发光顶棚过亮，影响艺术效果。发光顶棚内的光源，一般选用荧光灯，因为荧光灯具有较高的光效。发光顶棚表面所选用的材料有格栅型构件，或漫射性透光板，如有机板、磨沙玻璃等。发光顶棚的亮度一般不宜过大，一般不大于500cd/m^2，否则会有眩光现象。

发光顶棚的优点是使空间内能获得均匀的照度，可以减少甚至消除室内的阴影，并且由于顶棚明亮，会使整个空间开阔、敞亮。一般情况下，发光顶棚要有一定的装饰性，并要与其他照明方式结合设计，而且面积不应过大，这样才能避免由于单一的照明方式而产生单调、缺乏立体感照明的效果。如表5-4、表5-5、图5-23。

图 5-22　发光顶棚

皮切特里中心门厅的发光穹顶是由黑色铝板和浅绿色有机玻璃制做。

图 5-23　发光顶棚

2. 发光灯槽

发光灯槽是利用建筑结构或室内装修结构对光源进行遮挡，使光投向上方或侧方，并通过反射光使室内得到照明的间接照明装置。如图 5-24。

设计发光灯槽时，首先，室内应具备一定的空间高度，一般情况下，在顶部采用发光灯槽会使吊顶局部降低 150～300mm。第二，要考虑发光灯槽内的光源与槽边要有一定的距离，一般情况下应保持在 200～300mm 之间，以避免光源暴露在人的视觉范围之内。第三，发光灯槽的内壁要进行处理，一方面需考虑增强光的反射，另一方面也是要避免吊顶内部结构

整片发光顶棚中灯具与顶棚的最小距离 L（m）　　表 5-4

灯具类型①	顶棚材料	顶棚的照度（lx）				
		75	150	200	500	1000
露明荧光灯	乳白玻璃	2.7	1.4	1.0	0.4	0.2
	45°②×45°格片	6.7	3.3	2.5	1.0	0.5
露明白炽灯	乳白玻璃	0.8	0.6	0.5	0.3	—
	45°×45°格片	1.5	1.1	0.9	0.6	—
ОД 型灯具	乳白玻璃	6.7	3.3	2.5	1.0	0.5
（双灯的）	45°×45°格片	12	6	4.6	1.9	0.9
万能型灯具	乳白玻璃	1.0	0.7	0.6	0.4	—
	45°×45°格片	1.5	1.1	0.9	0.6	—

①光源最小功率，白炽灯 60W，荧光灯 30～40W。

②指正方形格片两方向的眩光保护角。

正方格片顶棚的发光效率与亮度　　表 5-5

d	$\rho=90\%$		80		70		60		50		100	
b	M_0/M	L_0/L	M_0/M	L_0/L	M_0/M	L_0/L	M_0/M	L_0/L	M_0/M	L_0/L	M_0/M	L_0/L
0.5	64	42	60	36	56	30	52	24	49	19	68	50
0.75	55	41	49	34	44	27	39	22	36	17	61	50
1.0	49	40	42	31	36	25	31	20	28	15	57	50
1.25	44	38	37	29	31	23	26	18	22	13	55	50
1.5	41	37	33	28	26	21	22	16	18	12	54	50

注：M_0 及 L_0 为格片上的面发光度及亮度。M 及 L 为格片百叶板的平面发光度及亮度。

暴露在人的视线以内。通常情况下，发光灯槽距顶越高，被照射的顶面积就越大，发光灯槽距顶越低，被照射的顶面积就越小。

发光灯槽所采用的光源多数为荧光灯，但有时为达到特殊的艺术效果也可采用白炽灯、霓虹灯及发光二极管等。

发光灯槽主要起装饰作用，不应作室内的主要照明，所以在选用光源时，不应采用过大功率的光源。发光灯槽多设置在室内吊顶上，也可以在墙面上运用，在墙面设置发光灯槽要特别注意光源的位置，避免暴露光源。

发光灯槽的照明方式是间接照明方式，光线是反射光，所以室内会得到柔和、均匀的光环境，通过发光灯槽的处理，会使顶部更具有层次感，同时顶棚被照亮，会使整个空间有增高的错觉。

图 5-24　发光灯槽

伊利诺斯、芝加哥 Whitman 股份公司总部会议室。

图 5-25　光带之一

TYCON 法院大堂楼梯的照明是运用顶角设置光带，充分表现出墙面流畅的造型，并且给予楼梯表面均匀的照明。

发光灯槽可以是一层，也可以是多层。

3. 光带

光带可以说是发光顶棚的一种，只是造型不同。

光带的形式多种多样，表面可以用格栅，可以用透光板，也可以不加遮挡。形状也是多种多样，可以组合出各种造型和图案，所以它的装饰性极强。

光带的照明具有一定的区域性，所以可以根据空间的不同使用功能和功能分区来进行设置，如在办公室，可以根据办公桌的位置来设置光带；在商业空间，可以根据货柜的位置来设置光带。光带内的光源多采用荧光灯。如图 2-25、图 2-26。

4. 檐口照明

利用不透光的檐板遮住光源，使墙面或某个装饰立面明亮的照明装置。

檐口照明会使墙面富有层次感，并使比较窄小的空间产生通透的感觉，从而改善空间的视觉尺度感。同时檐口照明也可

图 5-26　光带之二

以强调墙面的装饰，使装饰品、壁画、布幔等更加突出，以达到更好的装饰效果。如图 5-27。

图 5-27　檐口照明
达林公园星象门的壁龛照明。

5.2　照明器的设计

照明设计的一个重要环节就是根据功能要求和环境条件，选择合适的照明器或装置，并将照明功能和装饰效果的协调和统一。

作为照明设备，仅仅有光源还不够，还应满足更多的设计和技术要求，如能够将电光源合理地布置、安装、固定在照明器内，并实现光源与电源的连接。同时，要根据设计需要把光源产生的光辐射合理地分配到工作面上，还有就是应尽量考虑它具有一定装饰性。

5.2.1　照明器的效率

光源的光通量一般是指光源在无约束情况下的光通量输出，但光源装入灯具后，它的光通量输出将受到限制，即可能出现光通量输出受阻或输出的光通量因反射又被光源吸收。其次，灯具本身也将吸收部分光能。所以说照明器的效率与灯具的形状、所用的材料和光源在灯具内的位置有较大的关系。

因此，为提高照明器的效率，照明器应保证有合理的配光，即室内各方向都能得到合理的光强分布。因为裸灯即光源本身效率最高，可接近100%，但配光特性往往不理想，光能利用率反而较低。

对于大多数灯具来说，能使参考面上获得的光通量越大，光的利用率也就越高。但在创造室内光环境的时候，不能只考虑单纯的作业面受光，而忽视对环境照明的作用。例如，在不高的房间里，若顶棚比其他面的亮度低很多，就会感到压抑，并产生房间比实际高度要低的感觉，这种情况同样没有获得良好的照明环境。

总的来讲，敞口式照明器的效率较高，其值主要取决于三个因素：一是灯具的敞口面积与灯罩内表面面积之比，比值越高，照明器效率也越高；二是灯罩内表面的反射比，反射比越大，照明器的效率就越高；三是灯具的形状，如果灯具的形状造成光在照明器内多次反射，那么照明器的效率就会降低。

灯具格片、遮光格、棱镜板、灯罩以及水晶饰件等都有反射光线的作用，我们称之为反射器，反射器能够把光线分配到所希望的立体角内，而赋予它一种方向特性。另外，一块格片或几粒水晶能够遮挡光源，使人在某种角度不易看到光源，减少眩光。

5.2.2 高强度放电灯的灯具

对于高强度放电灯的灯具应安装在距地面 5～6m 高处，并应装有反射装置，如果高度过低，就会出现局部照度过高的情况，所以灯具宜选用高跨灯具。这种灯具分两部分：一部分是灯具的罩子，反射器附在其上，含有灯座；一部分是灯头，灯罩悬于其下，灯头内包含有镇流器、功率因数补偿电容以及电气连接件，好处是灯泡和反射器很容易卸下来进行维护。

5.2.3 设计照明器时应注意的事项

1. 对热辐射予以考虑

这里提到的热辐射，主要来源于光源的热辐射，热辐射能够使灯具体内温度过高，影响光源使用寿命，使灯具的材料过早老化，更危险的是会引起漏电、火灾等。避免光源的热辐射使灯具体内高温的办法：一是选用隔热的材料，如选用石棉、水等导热性能较差的材料来隔绝光源与耐热性能差的照明器材料及部件。二是借用散热的方法，如用散热片、反射板，使热辐射折射出去，或依靠风扇等强制空气流通，使热量尽快散掉，还可以依靠黑色涂漆等来吸收热辐射。三是尽量选用耐热的材料和光源。

2. 要有足够的强度

也就是说灯具及照明器要结实。比如灯具本身就具有一定重量，如果是大型灯具重量问题就更突出，所以要加强固定件的强度。而用在室外的灯具还要考虑风荷载、雪荷载以及外来冲击等，在此环境下灯具表面材料的强度就要求更高一些。

3. 电气安全问题

采用符合照明器各部分需要的电气零件和材料，并应达到质量标准及国家规定的技术指标：防止带电部分的外露；保持适当的绝缘距离；确保适当的耐压性；在导线容许的电流以下使用。有关电气安全的规范可参见。

4. 照明设备及配件

白炽灯具有很简单的设备及配件，而像荧光灯就需要灯架、镇流器等附属配件，而一般情况下，每个空间都需要开关、配电箱、保护箱等设备。所以我们无论是进行室内设计，还是进行照明器设计都要考虑到以上的因素，才会避免灯具尺度不合适，设备外露等诸多遗憾。

5. 维护与保养

为防止照明器在使用过程中照明性能下降，如光源的寿命、灰尘吸附等因素对照明性能的影响，需要定期进行维护。所以在室内设计及照明设计时，应注意照明器后期的维护和保养等因素，如吊顶应该有维修通道或可以上人；墙内线路应设线管便于换线；顶部照明器方便更换或开启，以便更换光源及维护。另外，如果室内吊顶较高，或在重要的活动场所，照明光源应尽量是长寿命的，灯具是耐用的。同时也要考虑防潮、防尘等，以减少维护次数。

5.2.4 灯具的安装尺寸

见图 5-28。

5.2.5 灯具的材料

1. 钢材：钢材一般是作为照明灯具的主要构造材料来进行使用的，特别是冷轧钢，它的强度和拉伸性能都很好，钢板材经过板筋加工，可以塑造各种造型。表面经过油漆、电镀或抛光，能够得到防腐蚀、反光性能好，并具有一定装饰效果的表面。

2. 铝：铝材可以算是新型金属材料，它在作为灯具材料方面有很多优点，如材质轻，便于灯具搬运及安装，并对后期维护也有益处；耐腐蚀，与铜、铁相比，它的耐腐蚀、耐氧化、耐水腐蚀等性能都高；加工性能好，材质软并且自身的表面很光亮且呈银白色，所以有一定的装饰性。

3. 铜及铜合金：铜在照明及电气系统中多作为导电材料，因它的导电性能最好。

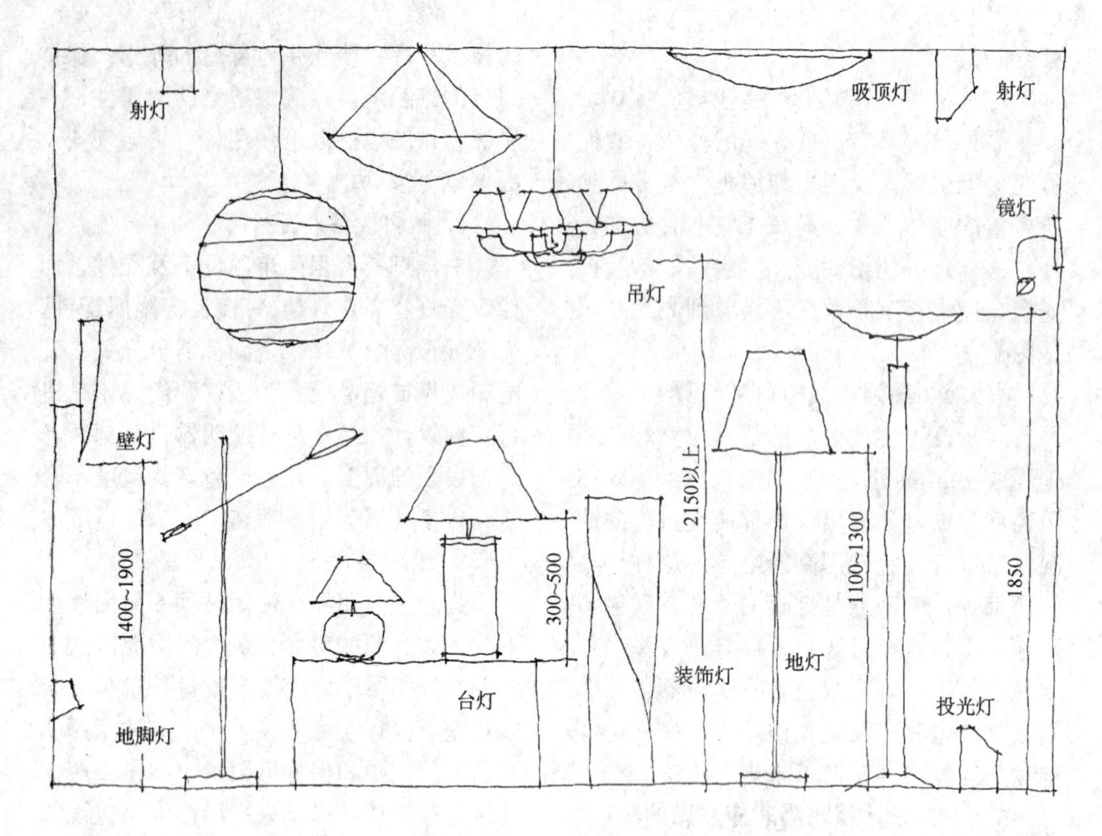

图 5-28　灯具的安装尺寸

主要的金属材料的特性比较　　表 5-6

项	目	铁系统	铝系统	铜系统
物理性质	相对密度	7.8	2.7	8.9
	熔　点	1150～1530℃	570～660℃	840～1230℃
	热膨胀系数	1.2×10^{-5}/℃	2.3×10^{-5}/℃	1.7×10^{-5}/℃
	导电系数	$10\times10^{4}cm^{-1}\Omega^{-1}$	$37.5\times10^{4}cm^{-1}\Omega^{-1}$	$58\times10^{4}cm^{-1}\Omega^{-1}$
	导热系数	0.14cal/（s·cm·℃）	0.52cal/（s·cm·℃）	0.93cal/（s·cm·℃）
	常用极限温度	400℃	300℃	200℃
	低温特性	C	A	A
耐蚀性	耐候性	A～C	A～B	A～B
	耐水性	A～C	A～B	A
	耐海水性	A～C	A～B	A
	耐药性	B～C	A～C	A
机械性质	受拉强度	20～210	18～60	20～140
	杨氏模量	7500～21000	6300～7500	7000～18200
	延伸率	0.5～55	5～30	6～64
	布氏硬度	60～250	20～160	50～195
加工性	延展性	B	A	A
	折叠性	A～B	A～B	A
	挤压性	C	A	C
	切削性	B～C	B	A
	铸造性	B	A	A～B
接合性	电　焊	A	B～C	B～C
	钎　焊	A～B	B	A
	锡　焊	A～B	B	A
其他	电镀性	A～B	A～C	A
	无毒性	B	A	C
	价　格	A	B	B～C

注：A：优秀；B：良；C：不可。

作为装饰材料方面，它是最早用于灯具方面的，经过抛光处理的铜，光亮金黄具有华贵感。

4. 不锈钢：不锈钢材是防水、防腐及反光性能极好的金属材料，并且有特殊的装饰效果，是在现代造型灯具中经常选用的材料。见表 5-6。

5. 塑料材料：塑料材料的种类很多，运用也非常广泛。首先它们都具有一定的绝缘性能，并且大部分种类的强度也很高，可用于电器、灯具的部分零配件。塑料的加工工艺简单，可塑性极强，并且具有良好的透光性能，所以在灯具中被广泛运用，从灯具的底座到表面灯罩，从电气零件到绝缘材料都被运用。但塑料耐热性能差，所以作为灯具材料要考虑与光源保持一定距离或选用底温光源，如荧光灯等。见表5-7。

6. 玻璃材料：玻璃是无机非结晶体，主要以氧化物的形式构成。

玻璃主要有以下几种：

钠钙玻璃：是最一般的玻璃，多以板材形式出现，或制成透明乳白玻璃球型罩使用，形式有平板、磨砂、压花、钢化等。

铝玻璃：透明度好，折射率高，表面光泽，因放出光辉而很美观，因此可以作装饰材料。

硼硅酸玻璃：一般称硬质玻璃，耐热性能好(热膨胀系数小)，所以多用于室外。

结晶玻璃：稍带黄色的玻璃，它的热膨胀系数几乎是零，所以用于热冲击度高的场所。

石英玻璃：耐热性和化学耐久性好，可见光、紫外线、红外线的透过率高，多用于特殊照明投光器的前面，如卤化物灯等。

除以上常用材料外，还有很多材料可以用来制作灯具，以创造不同的艺术效果和风格，如木、竹子、藤条、纸、布、陶瓷、石材等。但在选用这些材料的时候，要注意以下一些问题：首先是它的安全性，如木、竹、纸、布等材料都是易燃物，所以要与光源（特别是象白炽灯这样热辐射强的光源）保持一定的距离或设有绝缘材料。另外要考虑它的固定及安装问题。再有就是透光性，如果透光性不好，那它只能算作一个造型而非灯具。图 5-29～图 5-37。

图 5-29　Andree Putman 设计灯具

灯具上镂空的图案，通过照明映在墙上。

图 5-30　功能照明

藏于镜面后面的光源，通过反射使光照集中于镜面周围，达到了局部重点照明的目的。

照明灯具用的主要塑料材料特性比较表 表 5-7

	树脂名	品级	成型方法						用途								特性															
									透光零件																							
									室内用			室外用																				
			喷射	挤压	真空	吹炼	直压	其他	荧光灯	白炽灯	汞灯	荧光灯	白炽灯	汞灯	构造零件	电气零件	透光性	着色性	拉力 (kg/cm²)	冲击强度 埃左式 (kg·cm/cm)	耐应力龟裂性	耐候性	耐溶剂性	耐弱酸性	耐弱碱性	绝缘破坏强度 短时间法 (kV/mm)	耐电弧性 SEC	热变形温度 (荷重18.6 (kg/(cm²·℃))	低温脆化点 (℃)	燃烧性	热熔结性	粘结性	镶嵌成型	机械加工性
热可塑性树脂	聚苯乙烯	一般用	◎	◎	◎	○	×	—	◎	○	×	△	△	×	○	—	◎	○	350~840	1.1~1.7	×	△	×	△	○	20~28	60~80	<104	−55	燃烧	○	○	×	—
		耐冲击用	◎	◎	○	○	×	—	◎	○	×	△	△	×	◎	—	○	○	210~480	2.1~2.2	△	△	×	△	○	12~24	20~100	<99	−70	燃烧	○	○	○	△
	甲基丙烯		◎	◎	○	○	—	粉末成型	◎	◎	○	◎	◎	○	—	—	◎	○	490~770	1.3~2.1	△	◎	×	○	△	18~22	—	60~88		燃烧	△	○	×	○
	聚乙烯	高密度	◎	△	—	◎	×	—	○	○	×	△	△	×	△	○	○	○	220~390	86	×	△	○	◎	◎	18~20	—	43~49	<−80	燃烧	○	×	—	△
	聚丙烯		◎	△	—	◎	×	—	○	○	×	○	○	×	△	○	○	○	300~390	2.0~6.4	△	△	○	○	○	20~26	185	50~64	+10~−30	燃烧	○	×	○	○
	氯化乙烯树脂	硬质	—	○	◎	—	×	薄板	◎	△	×	△	×	×	—	△	○	○	480~550	1.7~8.6	—	△	△	○	○	15~30	60~80	54~80	−20	不燃	△	○	×	△
	ABS		◎	○	○	△	×	—	—	—	—	—	—	—	◎	—	△	○	440~620	10~50	△	△	△	○	○	15	50~85	104~106	<−40	燃烧	○	○	○	○
	聚炭酸盐		○	○	△	○	×	—	○	○	○	○	○	○	◎	—	◎	○	560~670	51~69	×	○	△	○	△	16	10~120	130~138	−135	不燃	—	○	○	○
热硬化性树脂	尿素树脂	α纤维素	×	×	×	×	◎	—	○	—	—	—	—	—	○	◎	△	○	400~900	1.1~1.7	△	△	○	×	△	9~16	60~80	125~145	—	不燃	×	○	○	△
	酚	木粉棉屑	×	×	×	×	◎	—	×	×	×	×	×	×	—	◎	×	×	500~800	1.5~3.0	○	△	×	◎	△~×	8~17	<10	125~170	—	不燃	×	○	○	○
	聚酯	玻璃纤维	×	×	×	×	○	◎	×	×	×	×	×	×	◎	◎	△	○	2000~6000	60~150	○	○	○	○	△	15~20	80~140	80~180	—	不燃~燃烧	×	○	○	○
	密胺	α纤维素	×	×	×	×	◎	—	×	×	×	×	×	×	—	△	×	○	500~900	1.0~1.5	○	○	○	○	○	12~16	100~180	125~195	—	不燃	×	○	○	△

注：◎：好；○：较好；△：普通；×：不好。

图 5-31　装饰照明

用有机玻璃制成的灯箱标志。

图 5-32　装饰性照明

织物和雕刻玻璃背面设置光源，
对表现材料特性有帮助。

图 5-33　Andree Putman 设计的金属灯罩

金属网罩内照明，使灯具的形状更加明确，并有效地控制了部分光照，应属于半直接照明。

图 5-34　手工纸及铁艺灯具

图 5-35　装饰照明

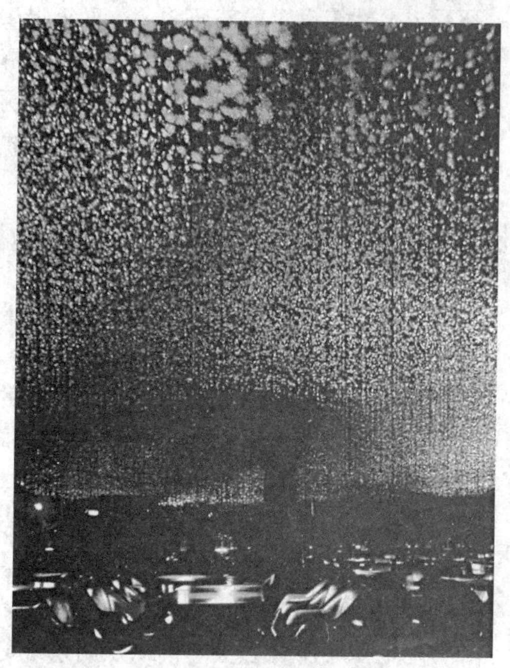

图 5-36　装饰照明

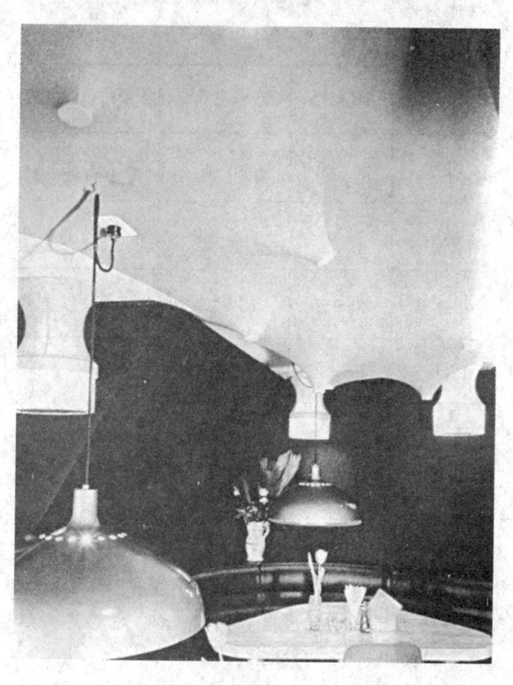

图 5-37　灯具与吊顶装饰结合设计

第6章 住宅照明

住宅是人们居住生活的主要空间，其环境质量直接影响人们的生活质量，因此仅仅靠空间的扩大和空间的明亮是不够充分的，要根据不同家庭的生活状况，如家庭人员的构成、人员的职业、人员的民族、人员的性格、生活习惯、活动范围等因素来考虑室内装修、家具的设计及布置，同时还要考虑照明的功能。合理和平衡照明器和亮度分布，使居住空间能满足各种活动的需要，又能够创造多变舒适的照明环境和气氛。

1. 满足各项功能的照度

居住环境是人们多种活动集中的空间环境，人们在此空间内要休闲、娱乐，又要工作学习，所以照明要根据不同的活动要求来考虑，也要根据不同的活动性质来设计照度。如表6-1。

环境和照度标准　　表6-1

环境名称	我国照度标准（lx）	日本工业标准Z9110①（lx）	常用光源
客厅	30～50	30～75	白炽灯、荧光灯
卧室	20～50	10～30	白炽灯
书房	75～150	50～100	荧光灯
儿童室	30～50	75～150	白炽灯、荧光灯
厨房	20～50	50～100	白炽灯
厕所、浴室	10～20	50～100	
楼梯间	5～15	30～75	

①日本工业标准Z9110照度值为一般照明的照度值，卧室、书房、儿童室用于读书、学习、化妆的局部照明的照度分别为300～750lx、500～1000lx、500～1000lx。

2. 保持空间各部分的亮度平衡

为创造良好和舒适的照明环境和气氛，住宅内各处要避免极端的明暗，避免过暗的阴影出现，同时过道和走廊不要过于明亮，要注意主要空间和附属空间的亮度平衡和主次关系。一般情况下，在房间内采用均匀的照度，空间会变得呆板，反而易失掉安静的环境气氛，因此需要创造照明中的重点，突出中心感。

例如：在起居室内，仅在顶棚中心位置设置灯具，这样能够使整个房间得到一般照明，也能产生中心感，并统一整个空间。但由于灯具的安装位置在房间的中心，周围的亮度会逐渐降低，这种简单的照明方式，会使人产生很多不良的感觉，如注意力向房间中心集中；周围的照度相对要低，有可能不能满足功能照度的需要；空间感觉呆板；阴影较多，明暗对比过大等等。要改善这种现象，就要进行补充照明，如在沙发边上设置台灯或地灯；对陈列柜、画及艺术品等设置局部照明；墙面上设置壁灯等来丰富空间内光环境的层次，这样一方面使活动空间得到了足够的照明，另一方面又活跃空间气氛，减小了压迫感，扩大了空间感觉。

3. 照明器要有一定的装饰性

满足照明功能是住宅照明目的的一个方面，另一个目的就是要具备装饰作用。照明灯具在空间内是最明亮最突出的物体，它也往往是最引人注意的物体，所以它的造型、特点将直接影响人对空间总体装饰风格的理解和把握，所以要根据室内总体设计风格来选择照明灯具，以达到画龙点睛的作用。

4. 满足使用功能上的要求

住宅照明不像公共空间的照明系统可以有专业的维护人员来进行维护修理，在正常情况下只是由居住者自行维护，这就

图 6-1

要求在设计照明器时要注意以下几个方面：

（1）安装位置适当：应该是人们易达到的高度和位置，特别是楼梯间内的照明，一般设置壁灯较好，如果设置顶灯，需要安装在易放置梯子的位置。楼梯间内不宜设置发光灯槽。

（2）选择易拆装的照明器：当光源需要更换时要易拆装。

（3）开关的位置适当：原则上要在入口处设置房间主要光源的总开关，有时可以把开关设置在房间外边。另外还要充分研究室内的布局及生活上的交通线路，以选择最适当的位置设置开关。其他照明器的开关，如台灯地灯等的开关最好设置在灯具周围，方便人操作。

（4）注意安全性：一般家庭成员复杂，特别是有老年人或儿童的家庭，就要更注意照明器的安全性，照明器要有足够的保护，避免光源或带电部分外露，灯具的开关等操作部分要与光源保持一定距离，灯具的安装要牢固，摆放的位置要合适，并应考虑它的稳定性及坚固性。

6.1　起居室、客厅照明

起居室和客厅是家庭团聚、休息、会客和娱乐的空间，要求照明应具有多功能性，照明方式及亮度最好适应使用目的，同时也要考虑它的多变性。在此空间内首先应考虑设置一般照明，或能够强调空间统一及中心感的照明方式，并使整个房间在一定程度上明亮起来。另外根据功能分区及要求设置局部照明和陈设照明（如台灯、地灯、陈设柜内照明、壁灯、照亮墙上画面的镜灯），以丰富空间内光环境的层次感，改善空间内的明暗关系。创造照明方式的多变性及多种组合方式，以适应不同的功能要求。如图 6-2。

起居室及客厅是家庭对外的一个窗口，同时也是家庭活动最常使用的空间，所以在考虑光照效果的同时也要考虑灯具本

图 6-2　overs treet 家（美国加州）此起居室
照明突出创造安宜平静的气氛，并强调重点装饰品及家具。

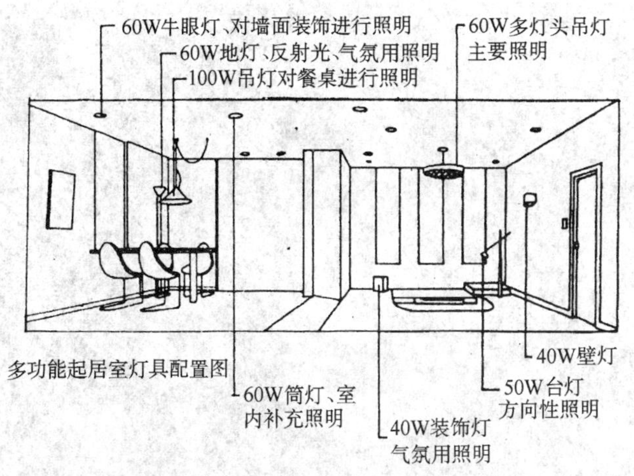

多功能起居室灯具配置图

以下4图为在不同使用功能的情况下，各光源的发光效率、没有百分比的为不开灯。

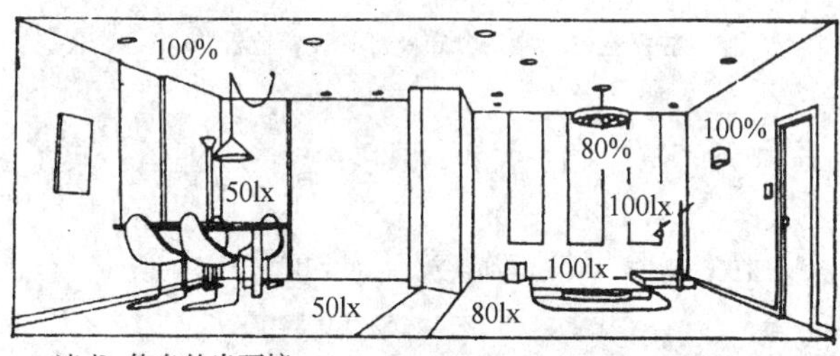

读书、休息的光环境

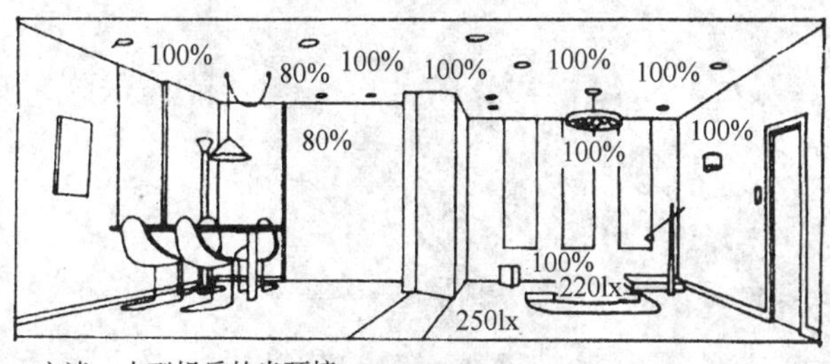

交谈、小型娱乐的光环境

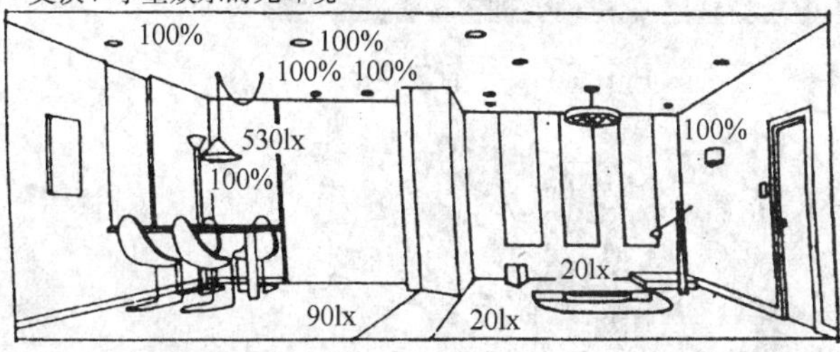

进餐的光环境

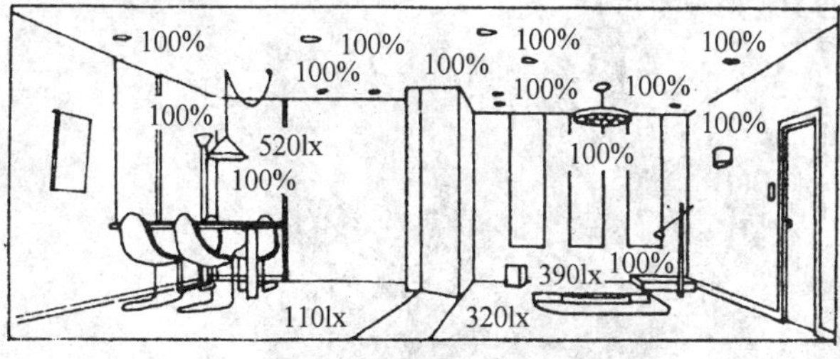

大型聚会、娱乐的光环境

图 6-3 起居室照明实例

身的造型及装饰性，与室内总体装饰风格协调统一。如图 6-3。

6.2 卧室照明

卧室是休息和睡眠的场所，所以应选用对创造安静柔和的光环境有效的照明器及照明方式。如果卧室不作其他功能使用，可以不设置顶部照明，以避免人在卧床时光源进入人的视觉范围而产生眩光。如设置顶部照明，应选用眩光少的深罩型或乳白色半透明型灯具，并且不要设置在人卧床时头部的上方。在床头可设计台灯壁灯或落地灯，便于人在卧床时进行阅读及对床周围环境的照明，也可创造出宽绰舒闲的感觉。

卧室不一定要求很高的亮度，但局部要根据功能需要而达到足够的照度；光源要以暖光源为主，这样可以创造温馨的气氛；可以采用可调光的灯具或设置地角灯，方便起夜，开关应设置在床头人方便触摸的地方。如图 6-4。

6.3 书房照明

书房是进行视觉工作的场所，在布光时要协调一般照明和局部照明的关系，一般总体照明不应过亮，以便使人的注意力全部集中到局部照明作用的环境中去。而只有局部照明的工作环境也是不可取的，这种光环境明暗对比过于强烈，会使人在长时间的视觉工作中眼睛易产生疲劳。局部照明应根据人的活动方式及家具的布局来设置，并要考虑眩光的因素。如表 6-2。

6.4 餐厅及厨房照明

餐厅内照明应采用局部照明和一般照明相结合的方式。局部照明要采用直接照明方式的灯具，并悬挂在餐桌上方，以突出餐桌表面为目的。局部照明灯具内所选

按照 JISC8112 桌灯（学习、读书用）确定的类型（上）及其照度表（下）

表 6-2

按照桌面照度的区分	按照灯的电力的区分	按照型式的区分
AA 型 A 型 一般型①	普通型 高照度型	移动式 固定式

①一般型并不规定桌面照度。

按照桌上照度的类型	照度（lx）	
	桌灯前面半径 50cm 的 1/3 圆周上	桌灯前面半径 30cm 的 1/3 圆周上
A 型	150 以上	300 以上
AA 型	250 以上	500 以上

图 6-5　吕璘荣设计的餐厅

用的光源，其显色性应该很好，或偏暖色，这样才能使菜肴的色泽看起来更有食欲。而一般照明的目的是使整个房间明亮起来，减少明暗对比，以创造清洁感。

厨房是主妇的活动场所，为了能够愉快而有效率地做饭，其照明要以功能为目的，一般可把灯具设置在操作台的正上方，使台面能够得到理想的光照，同时要注意高度，过高可能会使人的身影映在台面上，影响台面照度，过低则要考虑光源在人的视线之内而产生的眩光。厨房内照明所用光源应该是显色性较高的光源，以使主妇能对菜肴的色泽作出准确的判断。厨房应选用易于清洁的灯具。如图 6-5。

图 6-4　卧室

注意室内照度的分布及灯具设置位置。

6.5　浴室、卫生间照明

浴室、卫生间除了具有洗浴、方便功能

图 6-6　Andree Putman 设计的卫生间

图 6-7　入口玄关

图 6-8　走廊

以外，还是一个宽舒疲劳身体消除精神疲劳的场所，所以要用明亮柔和的光线均匀地照亮整个房间。根据功能要求，可在洗面盆上方或镜面两侧设置照明器，使人的面部能有充足的照度，方便化妆。室内一般照明器的安装位置要考虑不应使人的前方有过大的自身阴影，同时应选用暖色光源，创造出温暖的环境气氛。灯具避免安装在蒸汽直接笼罩的浴缸上面，也可以选用防水型灯具。卫生间是开关频繁的场所，所以适用白炽灯。

6.6　门厅、走廊及楼梯照明

对于住宅中的门厅、走廊及楼梯间的照明应以满足最基本的功能要求为目的，不要过亮，不要过于强调照明效果或装饰性，以免破坏其他房间的照明效果。照明方式可以用顶部照明或壁灯的形式，但要注意避免眩光。

第 7 章　办公室照明

7.1　一般办公室

这里所说的一般办公室为普通职员工作的办公空间，这种办公室面积是中大型的，并且办公家具不是永久固定的，而是根据需要经常变动，间隔墙也可以添加、移动或撤掉，所以对照明来说，无论办公室内如何布置，总是能够适应工作台面照明的需要。

7.1.1　满足一定的照度

在办公室内应有较高的照度，因为工作人员在此环境中多以文字性工作为主且时间较长，同时增加室内的照度及亮度也会给人开敞的感觉，从而提高工作效率。通常在读书之类的视觉工作中至少需要 500lx 的照度，而在特殊情况下为了进一步减少眼睛的疲劳，局部照度就需要 1000～2000lx。如表 7-1。

办公室照明的推荐照度　表 7-1

场所	照度 (lx)
一般办公室（正常）	500～750
纵深平面	750～1，000
个人专用办公室	500～750
会议室	300～500
绘图室（一般）	500～750
绘图板	750～1，000

7.1.2　室内亮度分布

一般情况下，对于中大型办公空间，在顶棚有规律地安装固定样式的灯具，以便在工作面上得到均匀的照度，并且可以适应灵活的平面布局及办公空间的分隔。

但大面积的、高亮度的顶棚易产生眩光。并使光环境变得呆板，所以保持顶部照明在一定基础上，增加台面及局部的照明就很必要，以使工作面上获得足够的照度。办公室照明同其它空间环境一样，对人来说在满足功能照明的同时，也要考虑整个环境的舒适照明。大面积且亮度均匀的发光顶棚会给人郁闷的感觉，因此多数情况是顶棚要创造出不均匀的亮度来，灯具和顶棚之间的亮度对比应该稳定，若灯具属于嵌入式灯具，则顶棚的亮度将由地面及桌面的反射光补充，所以要提高桌面及地面的反光度，同时也可以采用其他照明方式，如采用间接照明手法，通过反射光来改善顶棚的亮度。如图 7-1。

图 7-1　纽约 Robert Amsterm 建筑设计公司的设计室

图 7-2　办公室（英国伦敦洛伊德大厦，理查德・罗杰斯设计）

7.1.3 自然光的利用

办公室一般在白天的使用率最高，从光源质量到节能都会大量采取自然光照明，因此办公室的人工照明要与自然采光相结合，创造出合理舒适的光环境。单独的自然采光会是窗口周围的照度较高，而远离窗口的环境缺乏理想的照度，在这些照度不足的地方就要补充照明。但是自然光不是稳定光源，随着时间的变化、气候的变化，自然光的质量也将发生变化，所以对于室内人工照明来说就要考虑可调节性，一般可采用分路照明和调光照明两种方式。分路照明是把室内人工照明分路串连成若干线路，根据不同情况通过分路开关控制室内人工照明，使办公室总体照明达到一定平衡。调光照明是在室内人工照明系统中安装调光装置，通过这种设置对室内照明进行控制，也可以两种方法综合使用。另外窗户要保持尽量大一些多一些，窗越大，就会产生空间宽敞的感觉，当然这种舒适感还在于窗外的景观。如图 7-2、图 7-3。

7.1.4 减少眩光现象

办公室是进行视觉工作的场所，特别是要进行文字工作，所以注意眩光问题就尤其重要。一般在宽大房间中，顶棚的光源易进入人的视线范围，从而产生眩光，所以要对顶部光源进行处理。一般可采用格栅来对光源进行遮挡。另外减少顶棚的光源亮度，在工作台面及活动区域内增设可移动的光源，对局部进行照明，以增加局部所需照度。减少桌面及周围环境中的反射眩光。设置在较低的光源，如局部照明中的台灯、地灯、及用于其他照明的壁灯等，应对光源进行遮挡，避免光源暴露在视线范围内。如图 7-4、图 7-5。

(*b*)

图 7-3 Jardines 在伦敦保险公司

(*a*) 为白天的照明，主要以天窗及侧窗采光；

(*b*) 为晚上的照明，以天花上的人工照明为主

图 7-4 办公室

纽约市洛文吉尔·科恩公司，由里恩·雷丁设计。

7.1.5 灯具的设置

除一般照明外，最常见的就是台面上的局部照明。

图 7-5　控制室

JPJ 建筑公司设计的德克萨斯州的电子数据系统公司的控制室。

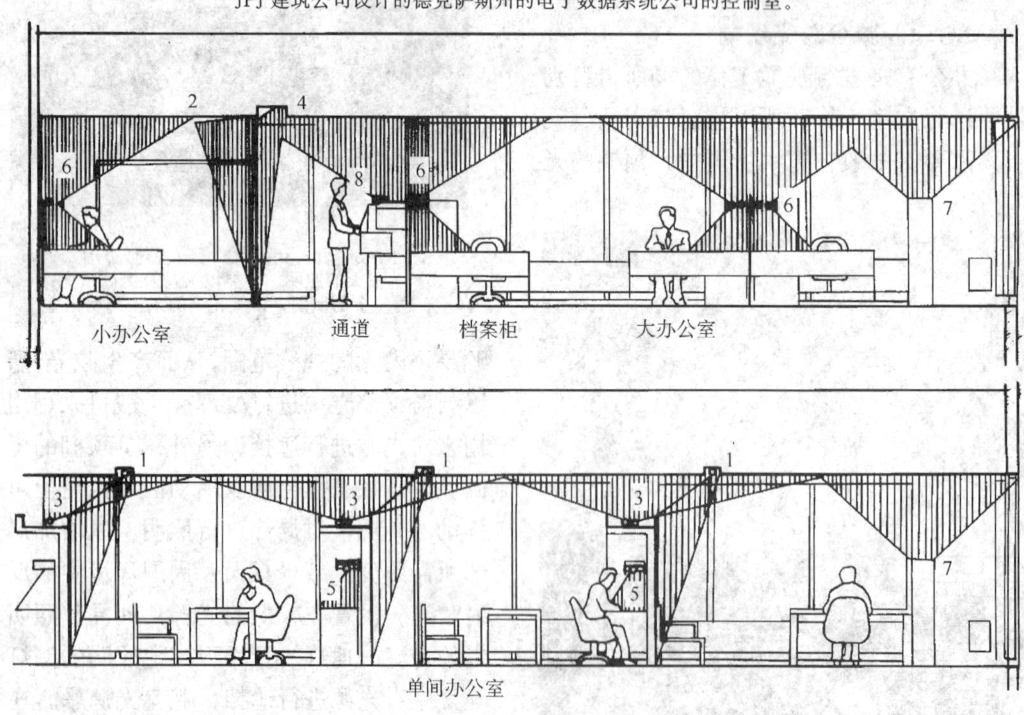

图 7-6　工作照明处理方法

1. 墙面照明用暗装式照明器（空间主要照明，重点照明）。
2. 墙面照明用吸顶式照明器（空间辅助照明，重点照明）。
3. 隐蔽光源的顶棚面照明用照明器
4. 墙面照明用顶棚暗装式照明器（空间主要照明）。
5. 个人房间用工作照明（光源可动）。
6. 宽阔办公室用工作面照明（光源可动，向上照明兼用）。
7. 顶棚照明用可动照明器（稍暗的空间照明）。
8. 档案柜用照明。

图 7-7　私人办公室的照明

图 7-8　秘书办公室照明

图 7-9　由威尔海姆·霍兹鲍郦建筑师事务所设计的沃拉尔堡州政府中心会议厅

图 7-10　美国纽约食品公司总部

图 7-11　加利福尼亚-西圣齐斯银行大堂

配有白炽灯泡的台灯多用于装饰照明或气氛照明，而用于工作照明就不太理想，因为它在工作台面的布光不均匀，而且热辐射也过高。

对于装配荧光灯并紧贴办公桌的反射式灯具，安装位置应在离桌面0.6～0.3m之间，并有遮光灯罩；设置高度低于0.3m，工作面内的照度分布不均匀，以致于周围物体会产生对比强到的阴影；设置高度高于0.6m，阴影问题会减少，但看到光源的可能性增大，而且这样又不可避免要降低照明效率。

另外，台面上的局部照明灯具最好是可移动的，针对不同的需要变动灯位及照射角度。如图7-6。

7.2 个人办公室照明

个人专用办公室的照明较之一般办公室，更多地是希望它能够达到一定的艺术效果或气氛。当然，一般照明应适当覆盖办公桌及其周边环境，而房间其余部分由辅助照明来解决，这样就给设计师留有充分的余地运用装饰照明来处理。

个人专用办公室内并不要求均匀照明，事实上这种均匀的照明对室内装饰可能起到相反的效果，因此常常是给室内一个或几个重点提供局部的照明。如图7-7、图7-8。

7.3 会议室照明

会议室内的家具布置没有办公室那样复杂，使用功能也较单一，所以对于照明设计来说，主要问题是要解决会议桌上的照度要达到标准，并且照度均匀，但对于整个会议室空间来说不一定要求照度均匀，相反会议桌以外的周边环境创造一定的气氛照明，会产生更理想的效果。另外要注意黑板、展板、陈列的照明。如图7-9、图7-10。

7.4 营业性办公室照明

营业性办公室是指银行、证券公司等营业大厅，汽车、铁路、民航的售票厅以及对外营业的办公场所。这种办公空间一般层高较高，空间较大，既有内部员工工作区域，又有对外服务的柜台，还有公共活动区域。

为避免顾客从明亮的室外进入到室内时感觉黑暗，应增加室内的照度，减少室内与室外亮度的悬殊差异，室内照度应在750～1500lx为宜。

提高服务台内外的垂直照度，使服务人员及顾客的面部有足够的照度，能够清晰地看到对方的表情。

服务台、办公桌的水平照度要达到正常工作照度，可以增加墙面的照度，使整个空间看起来宽敞明亮，并能创造出活跃的气氛，这对于营业性办公室来说是非常重要的。

由于营业厅一般顶棚较高，因此要设计便于维护的照明器，最好是顶棚能够进人，并在顶棚内进行维护工作。如图7-11～图7-15。

图7-12 休息厅

图 7-13　墨西哥 Honterrey
现代艺术博物馆咨询大厅

图 7-14　阿克尔曼·麦克奎恩公司

图 7-15　走廊

第 8 章　宾馆、酒店照明

图 8-1　门厅

由格雷夫斯设计的迪斯尼天鹅旅馆大堂。

有人说“照明创造了宾馆的形象”，这话一点不过分。对于宾馆、酒店的照明，除了要满足一定的功能要求以外，更重要的是通过照明的手段对宾馆、酒店的风格和特色加以渲染和补充，让顾客来到这样的环境中有舒适、安全和温馨的感觉，在这样的环境中能够惬意地休息并愉悦心境。

8.1 门　　厅

门厅是客人踏入酒店大门后所接触到的第一个空间，它给客人的第一个印象非常重要，就像一本书的序，一首乐曲的引子，为客人对整座宾馆、酒店产生良好的印象打好基础，所以从装修风格到照明设计，都要与酒店的整体风格相统一。但又要考虑到它仅仅是过渡空间，客人在此只会有短暂的过路时间，并且门厅往往会与主厅大堂等重要空间连接在一起，所以不应过于华丽、繁杂，以衬托出大堂的华丽气氛。对照明器的设计要相对简洁，不要过亮，仅以功能照度为准。考虑到室外照度的昼夜变化，作为室外与室内的过度空间，门厅的照明要设置调光器，以适应室外照度的变化。如图8-1、图8-2。

8.2 主厅、大堂

主厅、大堂是整座宾馆、酒店的心脏部分，它在功能上往往集多种服务功能于一身，如接待服务区、休息会客区、垂直交通空间等，高级酒店还具备大堂咖啡座、酒吧及一些服务空间的入口等，所以在选择照明方式上就要满足各服务空间及功能的要求，为客人及服务人员提供充足合理的照度及照明方式，以提高使用效率及服务效率。同时要协调不同的照明形式，使它们得到统一，形成完整的一体。

8.2.1 接待区照明

接待区是客人进入宾馆、酒店办理入住手续、咨询各项事务、及离开时办理结帐手续的地方，并以服务台的形式组成，它突出的功能作用决定了这个区域要有高于整个空间一般照度水平的照度，使这个区域能够在整体空间内形成视觉的焦点，为客人提供明确的服务位置。同时服务台表

图8-2　香港港丽酒店大堂二层跑马廊

面亮度要均匀，能够方便阅读说明及文字书写，并且垂直照度要好，使服务人员及客人的面部均有良好的照度，使人有亲切的感觉。如图 8-3。

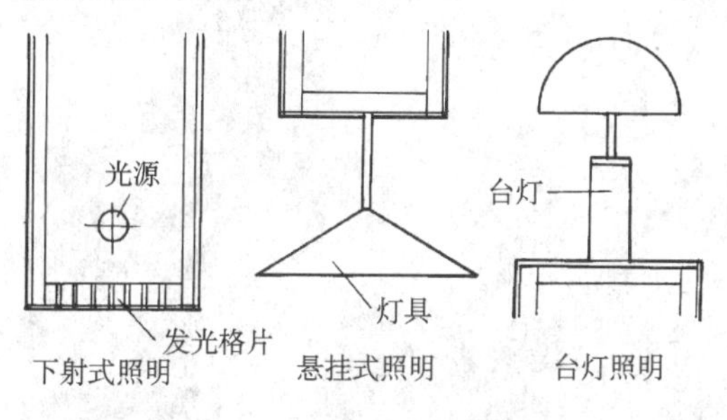

图 8-3　服务台照明

柜台是传达、收发和事务处理的场所，需要从入口大厅看起来显眼，又要能提高工作效率，所以照度要高一些。照明方法要用暗藏式照明，以免对人眼产生眩光。

8.2.2　休息区

宾馆、酒店的休息区是客人休息及会客的地方，在环境和气氛创造上追求隐蔽、亲切感，更能符合客人的要求，而通过照明的手段可以帮助实现这种气氛。在此环境中设置大型的装饰台灯（根据空间尺度决定台灯的体量），强化出若干独立的小区，使更多的客人享受独立的空间气氛，台灯灯罩的上口射出的光可以作为空间内的

图 8-4　大堂
加利福尼亚贝弗利山酒店大堂

气氛照明，或使顶部能够明亮一些。台灯下射光能够满足客人的功能需求，如读书看报，并可以限定出休息区域。如图 8-4。

8.2.3　垂直交通空间

一些宾馆酒店的大堂是由多层空间组合而形成的大空间，这里就需要有垂直的交通手段，有时是楼梯，有时是电动滚梯，无论是哪种形式，它在大堂中的位置及装饰作用都是很重要的，并成为大堂中的重要景观，所以对于照明来说要同服务区照明一样有着较强的功能性及艺术性。功能性是指作为楼梯要有足够的照度，使人能够看清楼梯踏步，而艺术性是指当楼梯有一定装饰作用和空间组织作用时，就要通过照明，使它的立体感、材料质感得以适当的表现。如图 8-5。

图 8-5　楼梯间

8.2.4　其它服务设施照明

对于大堂内一些服务设施，如银行的提款机、自动售货机、指示牌、电脑咨询、大堂经理台、展示柜等可以采用局部照明方式，在设置灯具时要注意避免产生眩光，同时照度要适度，不易过亮。

8.2.5　大堂内总体照明

由于大堂在整座建筑中所处的重要地位，对其总体照明应加以重点处理。处理方法可用多种形成组合，如各种照明灯具，建筑化照明手段都可以采用。当大堂顶棚较低时，要考虑视觉范围内不要有光源暴露。作为一般照明的顶部照明，布光要均匀，不要在空间内出现阴暗的角落。当大堂顶棚较高时，地面的照度相应降低，应增加补充照明手段，如加设壁灯、地灯等。但在人的水平视线范围内不要出现暴露的光源，顶部已暴露的光源要合理地布局，并与顶棚的总体设计协调，不要因为眩光而破坏顶部的整体造型。大堂内适当地有眩光和反射眩光反而能够活跃气氛，增强厅堂的华丽感。如图 8-6、图 8-7、图 8-8。

图 8-6　酒店大堂

在考虑总体照明时还要考虑各功能区域内的局部照明因素。大堂总体照明可作为一般照明，而各功能区域内的局部照明

(*a*)

(*b*)

图 8-7　香港君悦酒店

(*a*) 为酒店入口；(*b*) 为大堂内的餐厅

图 8-8　半岛酒店大堂（一）

图 8-8　半岛酒店大堂（二）

可以补充一般照明的不足，同时也会丰富光环境的层次感。

8.3　走廊、楼梯间的照明

宾馆、酒店的客房走廊一般很长，而且是封闭的，没有自然采光，所以无论白天夜晚都要通过人工照明来实现照明。过长而直的走廊会使照明器更易进入人的视线范围，所以应采用隐蔽光源的照明器，如建筑化照明、发光灯槽、筒灯等都是很好的照明灯具。设置筒灯时，要考虑灯具的辐射角度与灯具间距的关系，避免人的面部在某些位置处于阴暗之中。走廊的照度在白天应该是 150lx 左右，晚上可以在 20lx 的低照明水平就够了，这种照度有利于在走廊里的客人能够安静松弛下来。如图 8-9、图 8-10。

宾馆、酒店的楼梯间作为应急疏散作用，照明器要满足特殊情况下的要求，并且照度要保持一致不变。

图 8-9　宾馆酒店走廊照明

8.4　客房照明

宾馆、酒店标准客房目前常见的设计形式是卧室兼起居室两用房，并配有全套卫生设备的卫生间。照明设计应以创造温

图 8-10　Andree Putman 设计的走廊

图 8-11（*a*）　Andree Putman 设计的客房

图 8-11（*b*）　台北小西华饭店客房

馨气氛及满足一定使用功能为准。

客房入口处可以通过装在顶棚上的灯具或下射式灯具使入口处明亮一些，并使卫生间入口及壁柜能够有一定的照度，满足其使用要求。

从室内其它照明的设置来看，有床头照明、台面照明、休息区照明等，可以不设顶部照明灯具，而通过其他照明方式及反射光得到室内一般照明，这种照明组合会使客房内充满温暖安逸的气氛。如图 8-11。

室内照明应从门口及床头两方面操作，方便客人使用。

床头照明应该为读书看报提供充足的光线，同时它的照射角度又不干扰同房间其他客人休息。这里不易设置移动式灯具，因为这类灯占用宝贵的空间又易受损坏。如采用床头壁灯，则其安装高度应略高于一个人端坐在床上的人头部高度。

休息区照明可以采用可移动的地灯或窗帘盒内照明，地灯的好处是可以根据客人在室内的活动要求而移动位置。

图 8-12　卫生间

化妆镜灯或台灯是满足客人在写字台上书写化妆用照明。

卫生间内一般照明通常利用荧光灯照明或白炽灯，但要求有良好的显色性及较高的照度，使客人能够看到自己良好的肤色及细部，一般灯具设置在镜面上方。如卫生间过大，则要加设顶部照明，以补充其他环境的照明。其他注意事项可参见住宅照明中卫生间照明设计。如图 8-12、图 8-13。

图 8-13　Andree Putman 设计的卫生间

第9章　美术馆、博物馆照明

美术馆、博物馆的光环境应该使观众感到舒适愉快，又不致分散注意力，从而集中注意力欣赏展品。所以要求照明应该是纯技术性的，纯功能性的。为了让观众易于观赏，展品应有良好的足够的照明，并避免产生眩光，提供适量的扩散和定向的光线。在设计这样一种照明装置的同时，应注意展品的本身材质，有些展品因其材料或年代的因素，可能因光照（无论是日光还是人工光）而受损害。如图9-1。

9.1　展厅照明设计

展览馆、美术馆的照明设计应考虑到下列因素：墙面的展示照明应该有高质量的照明，即正确的显色性；画面上的照度均匀；防止反射眩光、光幕反射以及种种眩光；画面上有足够的照度，环境中要有一定的散射光；展示墙面的色彩应与展品协调等。这些因素都必须对应于展品的特点而综合地加以研究。

对于展品的照明光源宜采用三基色荧光灯、金属卤化物灯和滤光层的反射型白炽灯，其灯具应配以抗热玻璃或滤光层，以吸收波长小于300nm的辐射线，以减少紫外线对展品的辐射损害。

单位照度的损伤系数，如表9-1

单位照度的损伤系数　表9-1

光源的种类	单位照度的损伤系数（%）	除400nm以下之外单位照度的损伤系数（%）
晴空、天顶的天空光	100.0	8.5
昙天的天空光	31.7	5.1
太阳的直射光	16.5	4.0
日光色荧光灯	6.3	4.5
白色荧光灯	4.6	3.3
乳白色荧光灯	4.5	3.0
防紫外线荧光灯	3.0	3.0
高表色性荧光灯	3.1	2.7
白炽灯泡	5.1	1.2
白炽灯泡	3.1	1.4

在总体规划上，弱光展示区应设在强光展示区之前，并且照度水平不同的展厅之间有适宜的过渡照明，这样参观者能够较早适应低照明环境。如图9-2。

9.2　展品与照度

照明应把展品的形状、色调和质感显示出来，给人强烈的印象，并使展品比背景更明亮、突出。展品表面的照度高低要考虑光和热的影响，其推荐值为：油画300～700lx；国画150～300lx；对于雕刻造型和模型则幅度大一些，木料、石料的雕刻是300～1500lx；金属雕刻750～1500lx。展品本身色调暗的则照度要高一些，要使观赏者在观看时感到安定舒适，减少视觉疲劳。

展览馆照明的照度标准如表9-2、表9-3。

博展馆照明的照度值　表9-2

场　所	照度值（lx）	备　注
藏品库房	30～50～75	对光特别敏感的展品应选用白炽灯
复制室、电教厅	75～100～150	
纸质书画、邮票、树胶彩画、水粉画、素描画、印刷品、纺织品、染色皮革、植物标本等展厅	50～75～100	可设置重点照明 光源色温≤2900K 展品采用悬挂方式时，照度值系指垂直照度
漆器、藤器、木器、竹器、石膏、骨器制品以及油画、壁画、天然皮革、动物标本等展厅	150～200～300	可设置重点照明 光源色温≤4000K 展品采用悬挂方式时，照度值系指垂直照度
玻璃、陶瓷、珐琅、石器、金属制品等展厅	200～300～500	可设置重点照明 光源色温≤6500K 展品采用悬挂方式时，照度值系指垂直照度

9.3　展品与照明方式

壁挂式展品，在保证必要照度的前提下，应使展品表面的平均亮度在25cd/m²

图 9-1　巴黎奥赛博物馆

巴黎奥赛博物馆是由一座老火车站改建而成的，是主要陈设近代艺术品的美术馆，主要照明是以自然采光为主，通过浅色地面的反光，使墙上的画得到均匀的照度，也使雕塑品得到了很好的立体表现，注意它的墙面和地面的色彩明度与油画的关系。

图 9-2　强弱光

艺术品照度的推荐值　表 9-3

艺术品种类	照度（lx）
中国画	150～300
雕塑、造型物、模型	幅度要高一些
木料及石料的雕刻	300～1500
金属雕刻	750～1500
油画	300～750
陶器、玻璃制品	200～500

注：展品画的照度高低要考虑光和热的影响，以上为艺术品类的推荐值。另外，展品暗时照度要高一些。画面上的最低照度和最高照度之比要在 0.75 以下，这样观看才不会感到照度不均匀。

以上，同时应注意展品表面照度的均匀性，画面上的最低照度和最高照度之比在 0.75 以上时，观赏者不会注意到照度的不均匀性，到 0.7 时观赏者会注意到。对于特别大的画面，照明的均匀度也应在 0.3 以上。

从显色性来看，日光是最理想的照明光源，但其光源存在不稳定的因素。所以通常把人工光源同自然光源结合使用，甚至只用人工光源。若采用自然光源进行照明，则应注意采光方式，若采光方式不好，则会在展品上出现眩光、映像、光幕等现象。

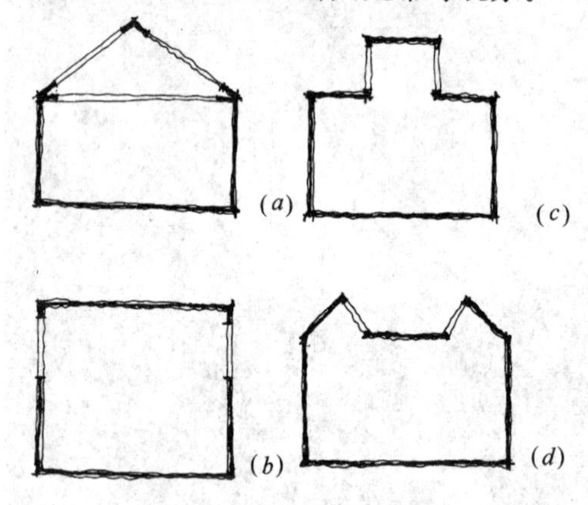

图 9-3　自然采光形式

为了达到光源稳定的效果，一般采用折射的天空光，或用柔光手法处理过的日光。如图 9-4。

采光方式的优劣：

1. 采取天窗的顶光方式，若顶棚不太高时，则展出面由于天窗的反射而受到不良影响。如图 9-3（*a*）。

2. 用陈列室两侧墙面的高窗采光的方式，若窗大时，则展出面不能避免由于窗的反射而发生的不良影响。如图 9-3（*b*）。

3. 顶窗采光方式，窗设置在接近于观赏者头部上方，虽然可以减少在展示面上出现反射光，但却降低了画面照度的均匀性。如图 9-3（*c*）。

4. 为了改善前述方式的缺点，把采光窗做成倾斜的顶侧光方式是最好的，但这种方式因顶棚下垂，使人有笨重感。如图 9-3（*d*）。

5. 侧窗采光以不用为宜，不得不用时，则宁愿用比视点低的下射光，而不宜用上方来的天空光。

6. 用透过率约为 50%的磨砂玻璃代替透明窗玻璃，以降低外界景物的亮度，减轻人工补助照明。

采用自然光进行照明，一般不宜用太阳的直射光。天窗或高侧窗采光，其仰角约为 45°以上的天空光，色温范围约为 6000～10000K，平均约为 7500K。低侧窗的采光仰角约为 15°，色温范围约为 5700～8400K，平均约为 6850K。都市因大气混浊，色温要降低很多，窗上挂布帘时，光线虽可变得柔和，但色温下降很大。

采用自然采光与人工照明结合的方式，是现代展览空间照明设计所普遍采用的方法，这种方法一方面可以节约能源，减少展览进行过程中的费用支出，另一方面也可以改善展览空间内的光照效果，这里主要是指光的均匀度及显色性。

9.4　展品的背景

由于室内各表面的颜色在光照作用下相互反射，以致表面色彩会影响光线的颜色，从而有损展品的显色性，作为展品背景的墙面，应选用接近于无色、无光泽，且表面纹理适中的方案。如果背景的面积大，明度又高，则眼睛会适应高的明度，这样对于低明度的小展品就难以看清其细部，这时可用中等明度的背景，以达到缓和眼

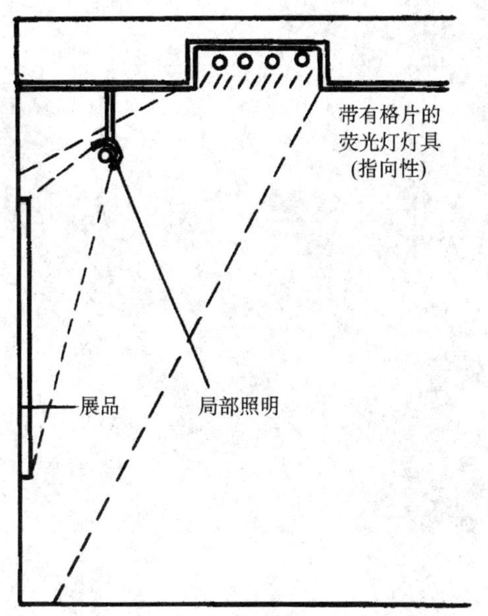

使用荧光灯进行环境及墙面总体照明、局部照明用白炽灯或狭照型卤钨灯。为了提高墙面照度降低观者位置的照度、可使用格片或指向型灯具。

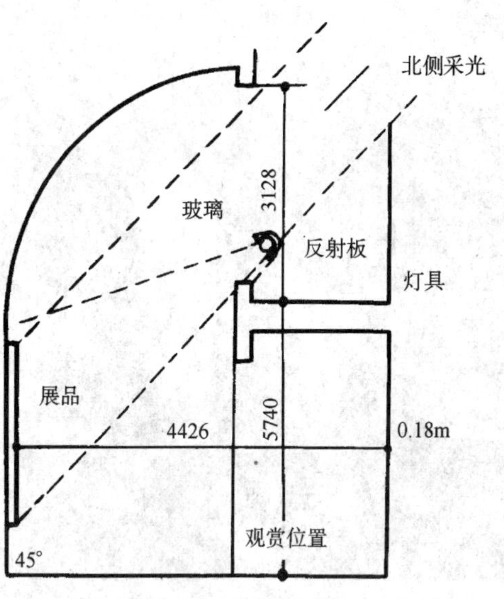

利用光源变动少而不会有直射阳光入射的北面天空光，观者处在阴影中，使其映象不致映现在画面上。

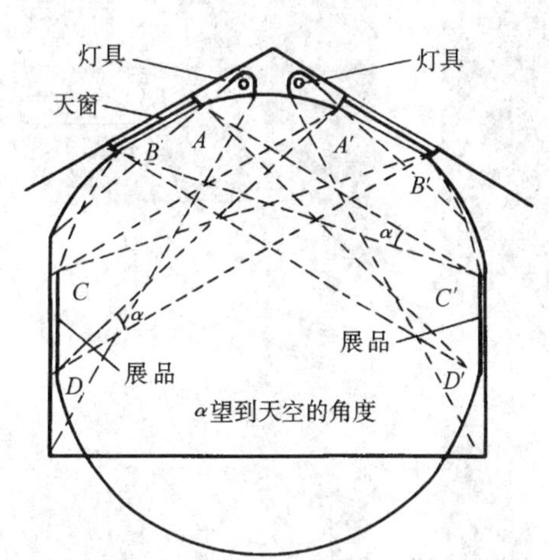

右图所示，为了使画面上的照度均匀良好，把A、B、C……$C'D'$的位置放在相同圆周上，使从画面的上端和下端看到天窗的角度相等。

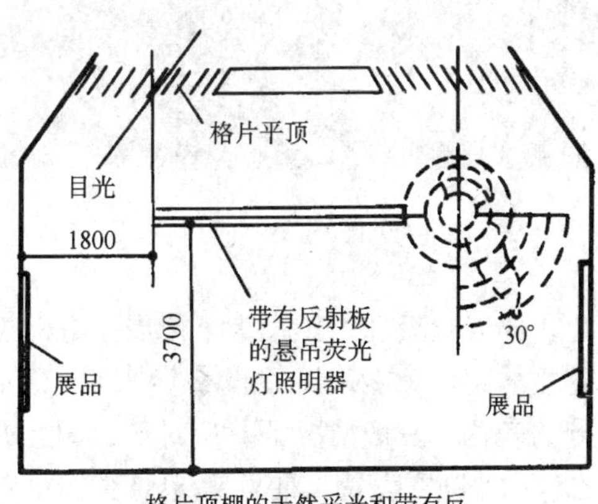

格片顶棚的天然采光和带有反射板的悬吊型荧光灯照明的实例。

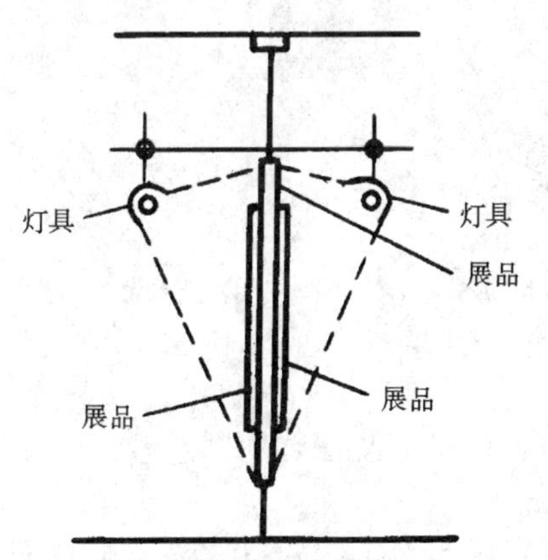

使用活动板作展品展出墙面，活动板上带有能调整位置和反射板的人工照明器。

图 9-4　垂直面上的照明方式

(*a*)

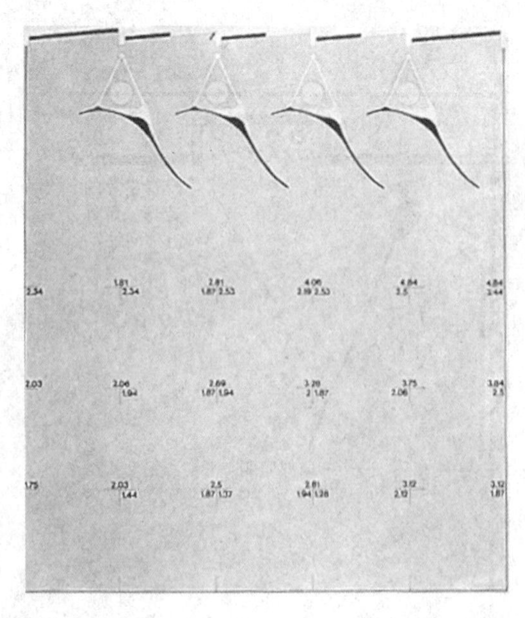

(*b*)

图 9-5　美国得克萨斯州休斯敦 Menil 画廊的自然采光

图 9-6　日本的平面艺术美术馆

图 9-7　德国斯图加特美术馆

睛的不顺应现象。

9.5　阴影的调整

对于雕塑、工艺品等立体感很强的展品,阴影的表现对观赏价值有很大的影响。阴影强烈会加强展品本身的立体感，给人以夸张之感,阴影柔弱则会使展品平面化，给人以缓和之感。为了使展品有适当的立体感，又能使展品的各个细部得到充分的表现，一般情况下，从对象的侧上方40°～60°位置设置指向性聚光照明作主要照明，同时配合一般性扩散照明，这样效果较好。主要照明为一般照明的 3～5 倍，对于较暗色的展品则应为 5～10 倍。如图

图 9-8　索斯比拍卖会

索斯比 89′拍卖会正在拍卖毕加索的油画，可以看出室内的布光使油画更加突出。

9-9、图 9-10。

墙上展品如油画，当陈列面与光源光线的夹角在 20°以下时，会使表面凹凸的阴影变强，画框也会产生阴影，这时就要适当调整光线角度。

图 9-9　墨西哥艺术展

单一的光照方向使墙面上的浮雕文字及雕塑品的立体感更明确，而雕塑品的台面给予展品一定的反射光。防止展品面的正反射。

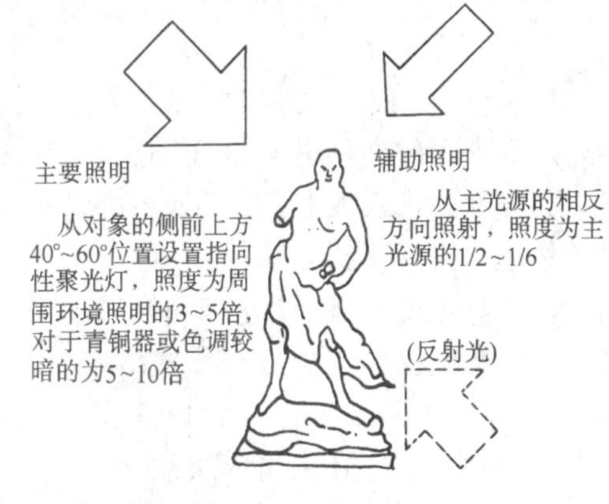

图 9-10　增强展品的立体感

为了使雕塑品有适当的立体感，大面积顶棚应采用扩散光，雕塑品局部用重点照明，对于有特殊要求的展品，也可采用从对象的周围，上部或下部进行照明。

9.6　防止反射眩光

对于表面光泽的展品，要注意避免光源在展品表面的正反射，以免影响观赏效果。解决的办法就是要很好地选择光源与展品的相对位置。为了减少反射眩光，应减小光源射线与展品表面的夹角。光源位置与展品愈近，夹角越小，反射角越大，光

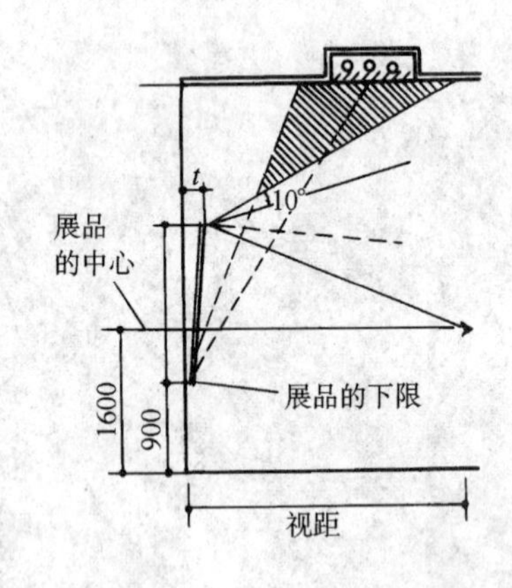

图 9-11　防止展品面的正反射

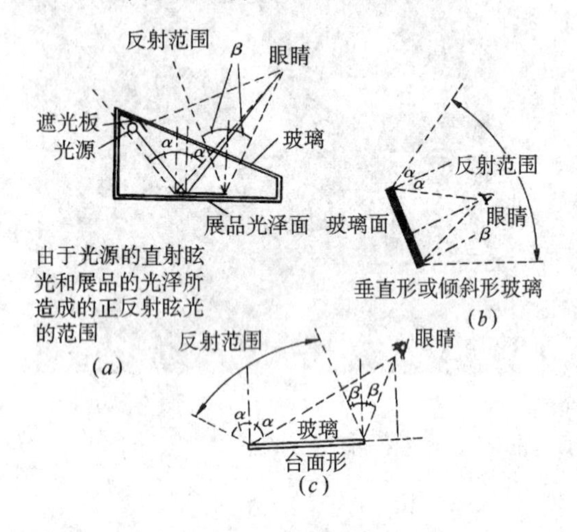

图 9-12　防止玻璃反射而产生的眩光

源与展品表面的夹角越大，反射角就越小，反射光线就易进入观赏者的视线内。另外对于挂画来说，还要考虑其悬挂的高度和斜度，最好不要太高，并应向下倾斜，以减小反射角度。如图 9-11、图 9-12。

9.7　防止镜像反射

展品平　的光泽面，以及通过玻璃来看展品时，观赏者本身或周围物体的映像常会映现到光泽面上，以致有碍于观看。为了防止这种现象，展品表面的照度和亮度就必须比观察者一侧高一些，其亮度比值为 2∶1 以上。另外也可以把垂直的玻璃面向上或向下倾斜 15°～30°，使反射的映像从正面离开。对于展柜可以将照明设置在展柜内部，以提高展品与观赏者一侧的亮度对比，也可以采用弧形玻璃使反射像完全变形到最小，以防止镜像的影响。如图 9-13、图 9-14。

很多展品要求用定向照明才能充分显示展品的特点，这类照明可以装置在陈列柜内，也可以装在顶棚上的电源导轨上，这两种方式的照明都具有高度的灵活性，允许陈列品的布置作任何变动。

对于不同的展品，应根据其特点选择不同的照度，以适应展品的保护值。这就意味着，当需要降低照明水平时，越需要保证良好的视觉适应，也就是说，展品本身虽然在照度允许的范围内，其亮度也应比它们周围环境亮。

展厅内灯光宜采用调光器，随天然光的变化而调节，或根据展品的需要来调节照明强弱，保持照度的稳定。同时，也宜于不同展品的调换及位置的调整，以达到最佳的照明效果。

图 9-13　罗纳德·里根图书馆的展示柜

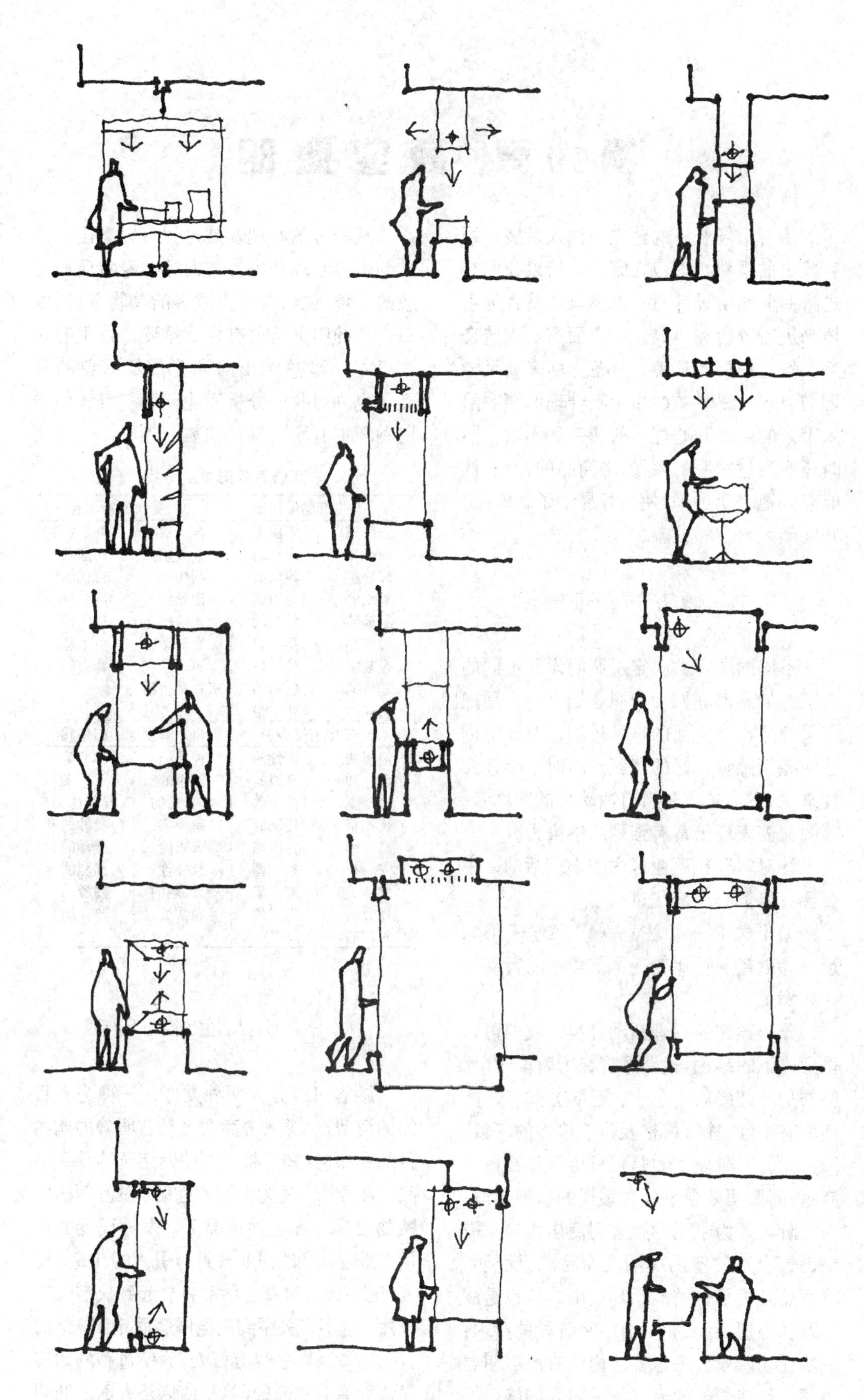

图 9-14　陈列柜内展品的照明（防止镜像反射）

第10章　商业照明

随着市场经济的建立和深入发展，顾客成熟的消费心理也在完善，所以我们在进行商业照明设计时，就要以消费者为主体来进行分析和研究。一方面需要创造良好、舒适的照明环境，从各方面来满足顾客的要求，尽量减少由于不合理的照明给人带来的生理和心理上的疲劳和不适。同时还应通过照明的手段，将商品的特征、性能充分地表现出来，使顾客易于了解商品，并能产生兴趣和信赖。

10.1　顾客的心理需求

不同的顾客群决定了照明设计不同的要求。如新家庭妇女、职业妇女等，是把购买商品作为生活的一种乐趣，对此应创造明亮而感觉良好的气氛。而对于年轻女性来说，它们是那种富有冲动性的购物者，照明就需表现出富有强烈的感染力。

针对顾客在商业区内的心理活动，主要会有以下心理变化过程：

①不关心→②注意→③兴趣→④联想→⑤欲望→⑥比较→⑦信赖→⑧行动→→⑨满足

分析顾客的心理活动过程，我们可以得到以下的结论：过路顾客在①阶段时，重要的是外部装修、色彩、照明方式等，要创造有个性、独特风格及易于接近的气氛；②、③、④阶段主要是依靠店面和橱窗的展示，而照明效果是强化表现的重要手段；在⑤阶段，为了诱导顾客到商店内来，需要创造合理的室内照明及商品陈设照明，将商品处于最佳的展示环境中，这也是满足顾客心理活动的⑥、⑦、⑧阶段的要求；最后在⑨阶段要考虑商店内所有的照明要协调，创造最好的光环境使顾客能够留下好的印象。

从顾客的心理发展过程可以看出，创造与顾客心理需求、与商品自身特质相适应的环境气氛，对提高顾客的购物欲望，提高商品的附加价值有多么重要。这里有一个日本学者总结出的商业气氛形象的分类，也许对我们分析商业环境气氛和创造何种环境有所启发。如表10-1。

商店气氛形象的分类　表10-1

(1) 有生气的愉快感		(2) 爽快的清洁感	
热闹感	华丽感	自　由	朴　素
嘈杂感	跃动的	开放感	功能的
轻松感	热烈的	明快感	近代的
大众的	花哨的	健康的	冷　静
家族的	新鲜的	人情的	透明感
暖和感	年　青	自然感	尖锐感
亲热感	玲　珑	单　性	都会的
随机的	魅力的	事务性生活	
明亮的	妖　艳		
(3) 安定的平静感		**(4) 戏剧性的幻想感**	
浪漫的	理性的	神秘的	惊　险
调　和	高级的	幻想的	不　安
细　腻	清　秀	非日常的	异国情调
优　雅	传统的	超现实	奥妙的
高　尚	古典的	未来的	轰动的
安　祥	格　调	意外性	强烈的
优　美	豪　华	无风趣的	陶醉的
社交的	形式的	异常的	暗　的
时髦的			

10.2　引人注意的照明

顾客可以分为两种类型，一种为有目的的消费，这类人去商业区已有明确的购物目的和倾向，知道将去哪些商店选购什么商品。而另外一种为无目的性的，没有明确的购物目标。在这种情况下，发挥设计的作用，创造良好的商业气氛吸引人的注意，使人产生兴趣，对商业活动将会起到决定性的作用。这不仅关系到把老顾客固定下来，而且对争取新顾客也有好处。为使过路的顾客对该商店有强烈的印象，商店外方面的照明尤其重要。如图10-1、图10-2。

图 10-1　亚利桑那中心

图 10-2　商业照明形式

10.2.1　与众不同的外部照明

（1）把商店外立面照得明亮一些。

（2）利用彩色灯光及光源进行装饰。

（3）用自动调光装置使照明不断变化。

（4）将重点部分，如招牌、标志、铭牌等用灯箱的方法来设计。如图10-3。

图10-3　纽约Rizzoli书店

10.2.2　橱窗照明

以上几种方法的目的是使外立面更醒目，并将该商店的特点及性质充分地表现出来，让人一目了然，过目不忘。而橱窗内的陈列，一般是该商店重点商品的陈列与展示，它具有一定代表性，反映着商店销售的商品类型、档次及风格，同时通过陈列方式的设计、照明及环境气氛的营造，还会引导消费者去想象，以致于对该商店产生良好的印象和兴趣，并引起关注。如图10-4。

图10-4

那么如何创造醒目的橱窗照明，方法如下：

（1）依靠强光，使商品更显眼。

（2）通过照明强调商品的立体感、光泽感、材料质感和色彩。

（3）利用装饰性的照明器来吸引人的注意。

（4）让照明状态变化。

（5）利用彩色光源，使整个橱窗更绚丽。

很多橱窗为了满足不同展示的要求，需要照明设备有很大的灵活性，如可以使用多个装在电源导轨上的聚光灯，也可以由多种光源或照明器组合应用。

那么橱窗中什么样的亮度更能吸引人的注意呢？德国经过调查结果如表10-2。

表10-2

照　　度	使过路人站住的比率
180lx	11%
480lx	15%
780lx	17%
1200lx	20%
2000lx	24%

可见在商业区内，橱窗越亮就越能引起人的注意，但设计亮度也是有限的，还要通过其它照明的手段达到理想的效果。

实际推荐的照度水平取决于该商店所处的地域，一般来说，位于商业中心的商店，可取1000～2000lx，远离这个中心的商店则取500～1000lx左右。

10.3 良好的入口照明及过渡空间照明

商店内的照明，应越往里越明亮，产生一种引人入胜的心理效应。吸引进入商店内的照明方法如下：

(1) 从入口看进去的深处正面照得明亮一些。

(2) 把深处正面的墙面作重点陈列，作为第二橱窗考虑，并对陈列的商品作特殊照明。

图 10-5 商店照明

图 10-6 Andree Putman 设计的商场内楼梯

(3) 在主要通道上，通过照明对地面创造明暗相间的光影，表现出水平面的韵律感。

(4) 把沿主要通道的墙面照得均匀而明亮。

(5) 通过照明在通道的两侧墙面上创造明暗相间的光影变化，或设置广告照明、广告灯箱。

(6) 在重要的地方设置醒目的装饰用照明器。如图 10-5、图 10-6。

10.4 使顾客在店内能够顺利走动的照明

对于综合性商场来说，商品的销售分区要求有一定的规律性，并明确主要通道的位置和方向性。但即使这样，被丰富商品所吸引的顾客，有时还是无法判断方向。对于这种情况，可以通过吊顶灯具的变化来强调通道的位置和方向，如售货处的照明和主要通道照明从照度、光源和造型设计有一定的区别。另外可以在主要通道上设置地灯、灯柱、地脚灯等强调通道。如图 10-7。

图 10-7 商业通道

10.5 店内一般照明

商店内的照明可以大致分为一般照

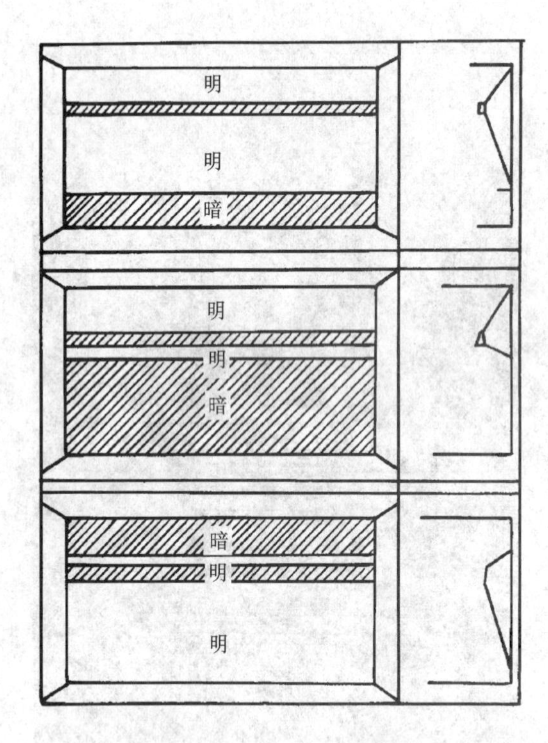

图 10-8（*a*）　商场照明

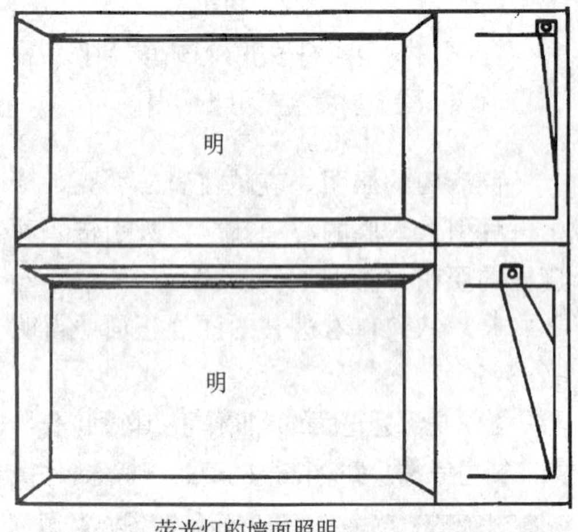

荧光灯的墙面照明

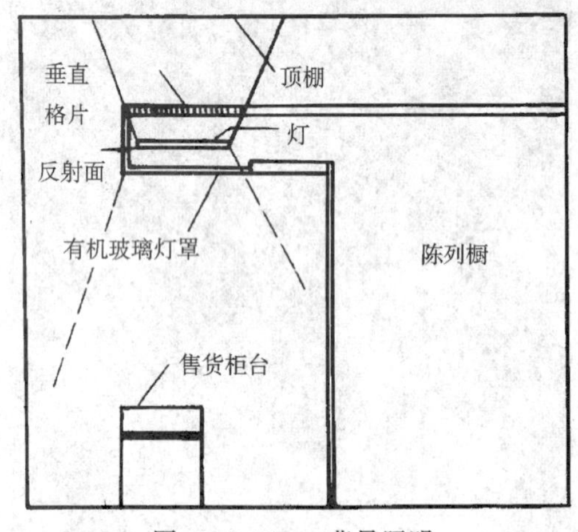

图 10-8（*b*）　背景照明

下射灯应安装在柜台的前方，这样光源反射像不会映入顾客的眼中。陈列柜前方的射灯安装在距陈列柜 10m 左右处，使光源在陈列柜表面反射像不会映入顾客眼中。

图 10-9（*a*）　商业墙面

明、重点照明和装饰照明三种。作为一般照明，应从以下几个方面着手分析设计：商店的营业状态、商品的内容、所在地区、商店的构成、陈列方式等。虽然是一般照明，但最好能创造出一定的风格。照明不仅要考虑水平面照度，垂直面照度在很多情况下也很重要。一般照明要使整个空间光照均匀，但要避免产生平淡感。除此之外还应考虑以下几点：

（1）一般照明要求布光均匀。

（2）在大中型商场中，要尽量使墙面明亮起来，并避免出现黑暗的阴影。如图 10-8、图 10-9。

（3）以光照来划分不同的售货区。

（4）供一般照明使用的灯具要求使用格片或暗藏式灯具，将光源遮挡起来，以避免出现眩光现象。

（5）对自选商场等高陈列柜展示商品的环境，照明要根据展柜的排列方式来进行排列布置。如图 10-10。

（6）即使是一般照明，也要适当考虑显色性。

图 10-9（*b*） 商业墙面

10.6 重点照明、局部照明

重点照明是突出商品的一种照明形式，它是使商品处在很明亮的环境中，让顾客能够清楚地看到商品的特征、性能、说明。

（1）一般情况下重点照明与一般照明之比为 3～5。

（2）对布匹、服装以及货架上的商品，要考虑垂直面上的照度要均匀。

（3）由于重点照明和局部照明要求光源很明亮，所以要对光源进行遮挡。可以将光源设置在柜内，也可以将光源设置在观看者一方，并通过灯具对光源进行保护。

（4）设计重点照明和局部照明时要考虑商品的立体感、质感及光泽度的表现。

（5）重点照明要特别注意光源的显色性。

3倍
2倍
1.5倍

依靠聚光灯的中央陈列照明
①②③的亮度对基本照明分别为3、2、1.5倍的顺序。布置成不等边三角形

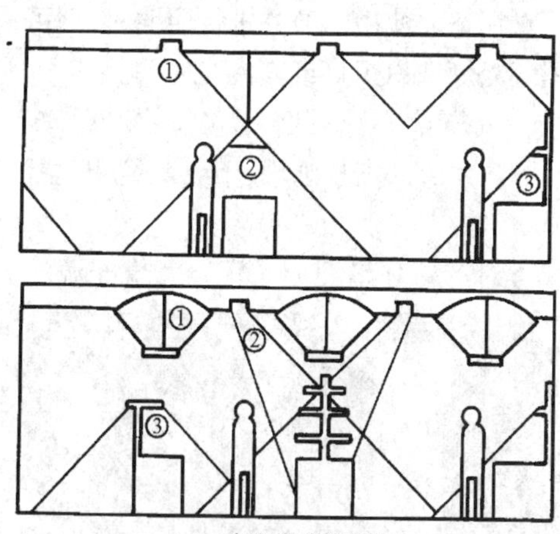

商店内陈列照明
①环境照明(荧光灯) ②高陈列架照明(聚光灯) ③柜台陈列照明(荧光灯)

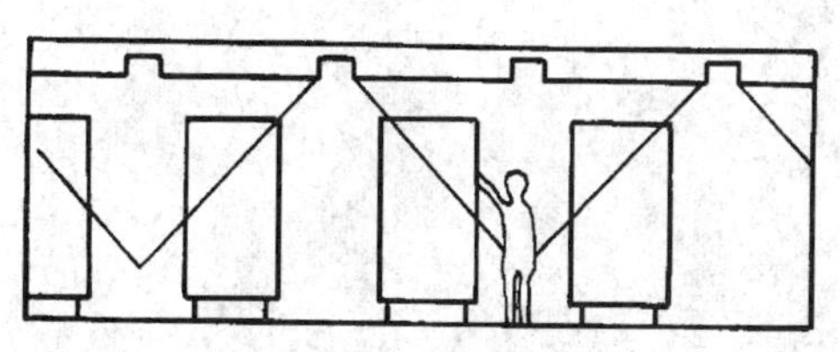

灯具间距过大会出现部分部位照度不足

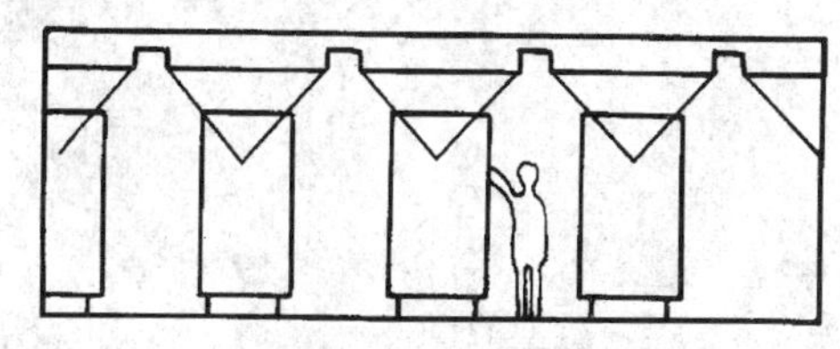

灯具的合适间距及位置，能对商品有足够照度

图 10-10 商店内照明

(6) 照度要随商品的种类、形状、大小、展示方式等确定。

10.7 选择适合其业务种类和商品的光源

在商店照明中，光源的光色和显色性对店内的气氛和商品的特性等有很大的影响。

商业照明应选用显色性高、光束温度低，寿命长的光源，如荧光灯、高显色性钠灯、金属卤化物灯、低压卤钨灯等，同时宜采用能够吸收光源辐射热的灯具。

对于玻璃器皿、宝石、贵金属等商品的照明，应采用高亮度光源。对于布匹、服装、化妆品等商品的照明，宜采用高显色性光源，并且一般照明和局部照明所产生的照度不宜低于500lx。对于肉类、海鲜、菜果等商品的照明，则宜采用红色光谱较多的白炽灯。对在自然光下使用的商品照明时，以采用高显色性（$Ra>80$）光源、高照度为宜；而对在室内使用的商品进行照明时，则可采用荧光灯、白炽灯或其混光照明。

10.8 对光源显色性的把握

对商业环境照明，还要考虑光源的光色和光源的显色性。

商业照明的设计首先要将商品的自身特性充分表现出来，并能够强化它的这种特性。如食品是能吃的，并且是很好吃的。另一方面，还要依靠光源的光色对商业空间进行气氛的再创造，使商品的形象得到衬托。这种效果是由于光色和人生活经验及联想相结合，而引起的各种各样的感情。如图10-14。

图中所示，色温高的光线，不仅有凉爽的感觉，而且能够体现健壮、清澈、动感。色温低的光线能够得到暖和的、柔和的、暗淡的、安全的气氛，所以由它可以

图10-12 东京DR. BAELTZ香水商业

图10-11 巴黎香榭里的商像店

图10-13 灯槽

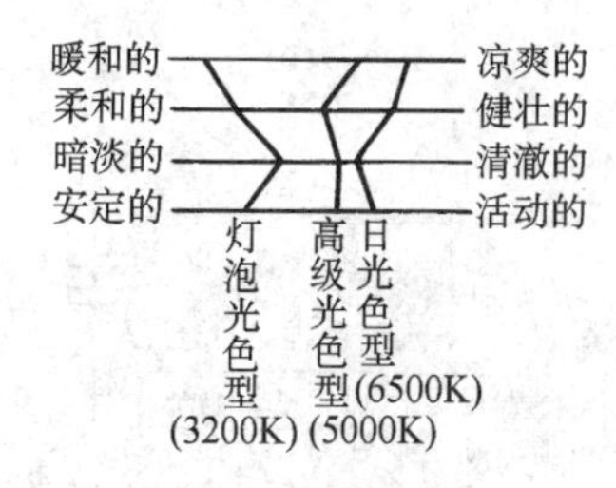

图 10-14　光的色温和气氛

图 10-15　商业照明

强调木料、布料、地毯的柔软的触感。

商业空间所需基调色如选用冷色系，如蓝色、绿色，并且显示清洁、明亮、沉静的感觉时，与其相称的是约 5000K 以上的光线。要想以暖色系统（如红色、黄色）造成家庭温暖的感觉，则用白炽灯和低色温荧光灯是适合的。但严格地讲，色温是随照度的变化而变化。

从图 10-16 中可以看出色温与照度的关系，我们在设计时可以从图中得到所要求的数值。

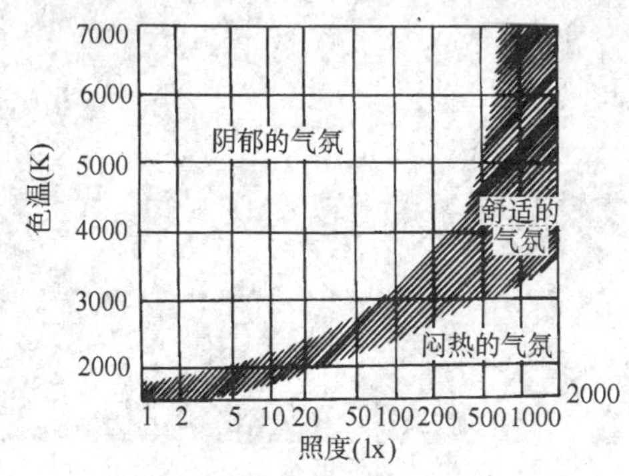

图 10-16　照度色温和房间的气氛

强化商品特性的方法有两种，一种是把商品的色彩正确显示出来的方法，另一种是加强商品的色彩显现。

前面的方法是要求选用显色性好的光源，这里应注意的是，即使是选用高显色性的光源，在 100～200lx 程度的低照度时，感觉到的色彩鲜明度都会变得很淡薄，所以为了能够正确地辨别色彩，照度就必须达到一定标准。一般而言，要很灵活地运用一般照明和局部照明，至少也要考虑能够得到 500lx 以上的照度。

而另外一种方法，就是通过具有一定光色的光源，强化商品的色泽，例如用带有红色灯罩的聚光灯、吊灯等对鲜肉进行照明，就能得到新鲜的感觉。这种照明会增强顾客对商品的信认。

10.9　对眩光的处理

眩光问题是最复杂和难解决的一个问题，因为在商业环境中要充分利用照明的手段来营造气氛、表现商品，并且在数量庞大种类繁多的商品中，需要突出很多重点、表现各自不同的特质，就避免不了出现照明方式多样化；光源种类多样化；照射角度多样化；表现形式多样化的情况。如何避免眩光，创造舒适的购物环境是商业照明中最重要的一个课题，它将直接影响整个商业环境的质量。

一般情况下，亮度高的光源在视线附近时，就易发生不舒适的感觉，从而降低视力，长时间会使眼睛疲劳。所以在商业环境中更要注意对光源的遮挡。

用高亮度的光源照射商品时，还要注意由于反光而产生的眩光，反射眩光过多，也同样会使人不适。

商店内的一般照明应选用没有任何眩光现象的照明器，如前面提到的用格栅灯或反射光槽等方法来遮挡光源。还应注意灯具的排列，使布光均匀。并且一般不宜过亮，过于明亮的光照，也易使眼睛疲劳。

设计重点照明时，要分析研究它的照

射方向和角度，同时考虑顾客的观看方向，光源应设置在顾客（即观赏者）的一边，光线就不会射入人眼睛。商店场地中央陈列应用聚光灯。如图10-17。

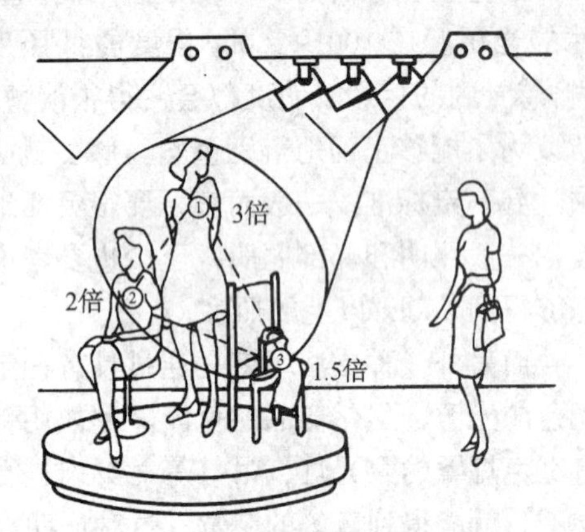

图10-17　依靠聚光灯的中央陈列照明

①②③的亮度对基本照明分别为3、2、1.5倍的顺序。布置成不等边三角形

高陈列柜式展柜也应用聚光灯，并避免在柜上或展品上的反光。如图10-18。也可以在展柜内部设计照明。

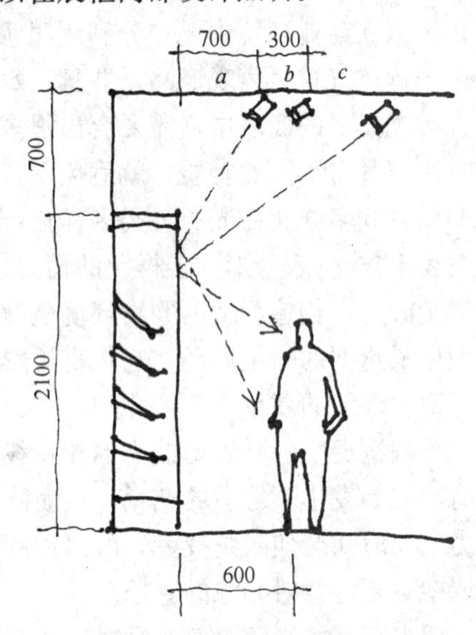

图10-18　聚光灯的安装位置

灯具设置在a范围内，对商品的照明不充分灯具设置在b范围内，会有理想的照明。在柜表面的反射光不宜进入人的视觉范围灯具设置在c范围会产生眩光。

室外橱窗照明的设置应避免出现镜像。如图10-19。橱窗照明宜采用带有遮光板的灯具或漫射型灯具。当灯具在橱窗顶部距地大于3m时，灯具的遮光角宜小于30°；安装高度低于3m，则灯具的遮光角宜为45°以上。

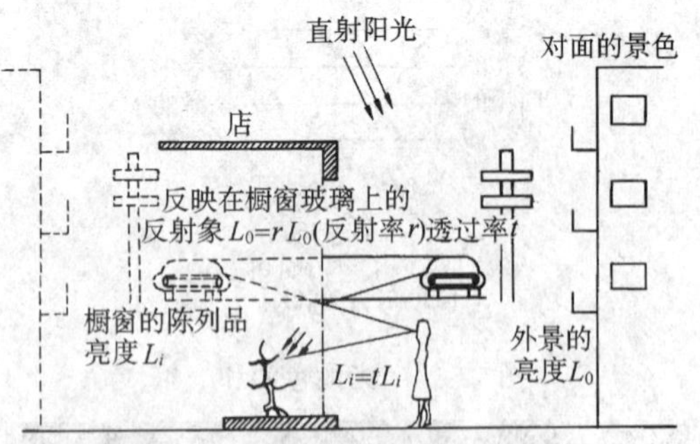

图10-19　橱窗的镜像及防止方法

防止镜像的条件

本图是表示橱窗的陈列品和外景亮度的关系。为了使在观看陈列品时不致被外景的反射像所妨碍，最低限度的条件有如下的关系：

陈列品的亮度（L_i）

$$\geqslant \frac{\text{玻璃的反射率}(r)}{\text{玻璃的透过率}(i)} \times \text{外景亮度}(L_0)$$

通常光线垂直向5mm厚的透明玻璃入射时，大致是$r=0.08$，$i=0.9$左右，所以上式等于

$$L_i \geqslant \frac{0.08}{0.09} \times L_0 \quad L_i \geqslant 0.1 \times L_0$$

即陈列品的亮度必须至少有外景亮度的10%以上。一般而言大致的最低标准为20%。

尽量减少室内的阴影和黑暗角落，明暗对比过于强烈会使长时间在此环境中进行视觉活动的人感到不舒适或不愉快。

图10-20　弗罗里达 Grand Rotnnda

购物中心，照明灯具与天花造型有机结合在一起，强化了建筑装饰作用，同时补充了夜晚由于无法采自然光而所需的照明要求。

第 11 章　候机厅、候车厅内照明

候机厅、候车厅及其附属的其它公共空间，需要满足大客流量和较大人群集中活动的要求，所以照明也应根据其环境的特点来进行设计，满足各种人和各种活动要求。如机场候机大厅，每天都有很多航班，接来送往很多乘客，再加上地面服务人员和接送乘客的亲朋好友，可想而知其空间所承受的人数压力。更重要的是各种人活动的性质不同，工作人员要工作，顾客要了解各种信息、要休息、要告别、要办理手续，还有团体活动的、单独行动的、行李多的、活动不方便的，中国人、外国人等等。同时在同一空间内，各人的心理活动也不相同，如有亲朋团聚欢喜的、有分离悲憾的，有着急的，有无聊的等等。所以针对这样复杂的一个环境，要满足各种需求就必须通过照明设计创造安静、舒适、简洁的光环境才比较合适。见表 11-1。

照　度　标　准　　表 11-1

等级	场　所	照度（lx）
A级站	检票口、安全检查处、收票处、补票处	750～1500
	候车室、接站厅、提取行李处、问事处、办公室	300～750
	有棚月台、通道、洗手间、厕所、行李寄存处、办公室	150～300
	门口台阶	75～150
B级站	检票口、收票口、补票口	200～750
	候车室、接站厅、问事处、办公室	100～500
	有棚月台、通道、洗手间、厕所、行李寄存处	75～150
	门口台阶	20～75

续表

等级	场　所	照度（lx）
C级站	检票口、收票口、办公室	100～300
	候车室、有棚月台、通道、洗手间、厕所	30～150
	门口台阶	5～30

注：按一日内上下车旅客数分为三种站级．A 级站为 15 万人以上；B 级站为 1～15 万人；C 级站为 1 万人以下。航空港内照度标准按 A 级站为准。海港按以上等级划分；地铁站按 A 级站标准。

一般候机、车厅的建筑层高较高，多在 7m 以上，所以照明灯具，常采用光带或嵌入式灯具作大面积均匀照明，这样做，空间亮度高，显得厅内高大宽阔，给人以高雅、清新的感觉。为了得到足够的照度，又节约投资，可在候车厅内距地 2～2.5m 的亮度设置补充照明灯具，以增加局部照度的不足，如在休息区、服务区等地，可采用壁灯、地灯、台灯、低吊灯等，这样既提高了工作面上的照度，还可以适当减少顶棚上灯具的数量，装饰效果与经济效益较好。

候机、车厅的灯具布置应视顶棚上形式而定，灯具选择有遮挡光源的、眩光少的灯具为宜，光源可选择光效高的荧光灯，也可选择高压汞灯或混光照明。

候机、车厅内照明灯具，应尽量采用统一的形式和种类。作为大面积照明，照度要均匀，均匀度要在 40％以上。而在主要的通道等环境中，照度均匀度还应更高。

高大的空间不应采用普通白炽灯和普通荧光灯作为主要照明光源，应采用显色性较好的高光强气体放电灯。

候机厅、候车厅、办事处、通道内的灯具，应选择材料坚固便于维护和清扫，且不易燃烧的类型。光源要选择高效率、长寿命类型的，光色要适当，以避免与信号灯光色相同，同时要创造出清静愉快的光环境。

在付款和检票的场所应有较高的照度。洗手间是容易污浊和引起犯罪的地方，所以要有明亮的环境。

检票处、售票工作台、售票柜、结账交班台、海关检验处和票据存放室宜增设局部照明。

候机、车厅环境装修面反射光合理参考系数如下。

推荐反光系数　　表 11-2

分　类	顶棚（%）	墙壁（%）	地面（%）
中心大厅	55～85	45～75	25～65
候车室	55～75	30～65	15～55
问询室	60～85	45～75	35～65
旅客通道、楼梯	55～75	30～65	25～45
站台	20～45	30～45	15～45
地下站台	55～70	35～65	15～45
洗手间、厕所	60～85	65～85	45～65
售票处、会计室	65～85	45～75	35～55
车站服务室	65～85	45～65	30～60

在候机厅、车厅等公共空间内应尽量减少阴影、昏暗和眩光，以避免使人产生不愉快和不安全感，或视觉上的不舒服和疲劳。

图 11-1　美国俄亥俄地铁站，菲利普·约翰逊设计

厅内的一般照明与标识照明要能分清，这就要求一般照明要均匀，并且亮度不应过强，光源不能暴露，以突出标志，让人能够轻易看到和识别标识。

图 11-2　华盛顿 Dulls 国际空港中转大厅

图 11-3　行李大厅

加利福尼亚空港行李大厅，间接照明与建筑化照明使整个空间布光均匀，没有眩光，没有阴影，光照具有一定的层次感，洋溢着平和亲切的气氛。

图 11-4　机场休息厅

芝加哥国际航空港联合航空公司红毯俱乐部。

(*a*)

(*b*)

图 11-5　瑞士苏黎士火车站

第 12 章　影剧院照明

对于影剧院来说，观众来的目的是看、听影剧，所以影剧院的照明及环境应以舞台为中心，一切都不应喧宾夺主。但环境照明设计也不是没有目的和其功能作用，对于观众厅要使环境和照明围绕舞台这条主题而展开，并能够满足休息、找座、稳定观众情绪、集中观众注意力等目的。而对于休息厅、前厅等空间，应创造简洁、安静的光环境，以使观众得到好的休息和能够满足交谊功能。

12.1　关于剧院的照度

从室外进入大门，照度在 750～300lx，前厅照度在 300～150lx，走廊、楼梯间到观众厅照度在 300～150lx，观众厅上演时为 5～21lx。由此可见，从门厅到观众厅，照度是由亮到暗渐变的，在这个过渡过程中不仅要考虑眼睛的适应所允许的照度级别变化，而且还需要根据社交场所的活动情况设计照明选择照度，既要有良好的气氛照明，能够看清节目单、周围人的面部表情，又要让观众能够集中注意观看影剧。为安全考虑，在上演时的照度不应低于 2～5lx。有时还应考虑观众厅的多功能性，如作为会议厅、报告厅等，这时的照明要求既能突出主席台，又能够看清手中的文件，此时观众厅的照度应能够达到了 200lx。如表 12-1。

图 12-1　德克萨斯戏剧中心大堂

由 Morris 设计公司设计的德克萨斯 Wortham 戏剧中心的大堂，仅用发光灯槽的反光作为室内的唯一照明方式，创造了安静，并有节奏感的光环境，给人留有更广阔的想象空间去赏听音乐。

影院剧场建筑照明的照度标准值　　表 12-1

类别		参考平面及其高度	照度标准值（lx）		
			低	中	高
门厅		地面	100	150	200
门厅过道		地面	75	100	150
观众厅	影院	0.75m 水平面	30	50	75
	剧场	0.75m 水平面	50	75	100
观众休息厅	影院	0.75m 水平面	50	75	100
	剧场	0.75m 水平面	75	100	150
贵宾室、服装室、道具间		0.75m 水平面	75	100	150
化妆室	一般区域	0.75m 水平面	75	100	150
	化妆台	1.1m 高处垂直面	150	200	300
放映室	一般区域	0.75m 水平面	75	100	150
	放映	0.75m 水平面	20	30	50
演员休息室		0.75m 水平面	50	75	100
排演厅		0.75m 水平面	100	150	200
声、光、电控制室		控制台面	100	150	200
美工室、绘景间		0.75m 水平面	150	200	300
售票房		售票台面	100	150	200

12.2　灯具的设计

观众厅的灯具与装修统一协调，光源要隐蔽起来。室内墙面、家具不应产生反射眩光，尤其要考虑二三层观众的视觉角度。观众厅的照明应不能有碍于舞台照明和放映，也就是说观众厅与舞台照明系统

图 12-2　影剧院照明形式

与效果是相对独立的。照明的设计要易于维修，应考虑从吊顶上进行维修的方便性，观众厅照明应设置调光的，使光线在上演时和演出结束时渐暗渐亮。如图12-2。

观众厅的照明光源可以选用小型卤钨灯、聚光灯及反射型投光灯等，应根据使用需要进行多种方式控制，并最好设置附助照明，如观众座位排号照明、台阶照明及清理照明等。观众厅及其出入口、疏散楼梯间、通道等，应有明显的应急照明、安全标志灯，在观众厅的安全标志照明应选择可调式，演出时减光40%，正常进出观众时减光20%，以不妨碍观众正常视觉活动，事故发生时全亮。

为适应多功能的需要，宜在门厅配置预留电源，或照明有多种组合方式，供办展览或举办重要活动之用。在前厅、休息厅、观众厅应设置开幕信号。

图 12-3　芝加哥歌剧院

芝加哥 Lyric 歌剧院的休息大厅，顶部发光灯槽不但使空间内得到了均匀的光照，而且使顶棚华丽的造型表现得更加充分，新艺术风格的吊灯和壁灯强化了装饰效果，丰富了光环境的层次。

图 12-4　俄勒冈·尤金 Holt 演艺中心

第 13 章　学校、图书馆照明

对于学校和图书馆这样的场所，照明主要是要满足台面工作和阅读的要求，所以它不同于其它照明环境，而是有极强的功能性，要求既要有良好的照度，又要有良好的光照效果。日本照明协会曾对学校、图书馆解决适宜照度问题作过定量分析评价，他们从杂志中选取 300 个大小不同并且与纸的亮度对比也不同的汉字，在 12.5～1120lx 的照度范围里，由被试者辨认，辨认的难易程度用相应语言表示，所得结论如图 13-1 所示。

对于易读性为 100 的情况，所需的照度是很高的，一般情况下易读性在 70 可以达到标准。从图中可以看出关于阅读汉字等视觉工作的适宜照度是根据相应的易读性大小来确定的，而决定易读性的是视角、对比、亮度和时间四个因素，可见在确定照度的同时，还要相应考虑以上四个因素所起的作用。

一个合理的照明环境，不仅仅是让人能够看清文字，它还会带来更多的辅助作用。对学生来说，能够降低视觉疲劳，集中注意力，学习效率提高；对于教师来说，讲课轻松，注意面广、周到，教学效果好；对于管理来说，环境好，设备利用率高，并且防止事故发生。

13.1　照度设计

教室的照度值宜为 150～200～300lx，照度均匀度不应低于 0.7，黑板上的垂直照度宜高于室内水平面照度值。图书阅览室应按 750～200lx 的照度来设计平均照明，书面照度应达到 1500～300lx 的高照度，这样长时间阅读也不致有疲劳感觉。对于开架阅览室和书库也应达到 250～200lx 的照度。见表 13-1、表 13-2。

室内照度主要是由光源决定的，但也有相当比例是由周围环境的反射光决定，而往往室内各表面的反射光会调节整个光环境，使室内光照均匀，气氛稳重、安静。如图 13-2。

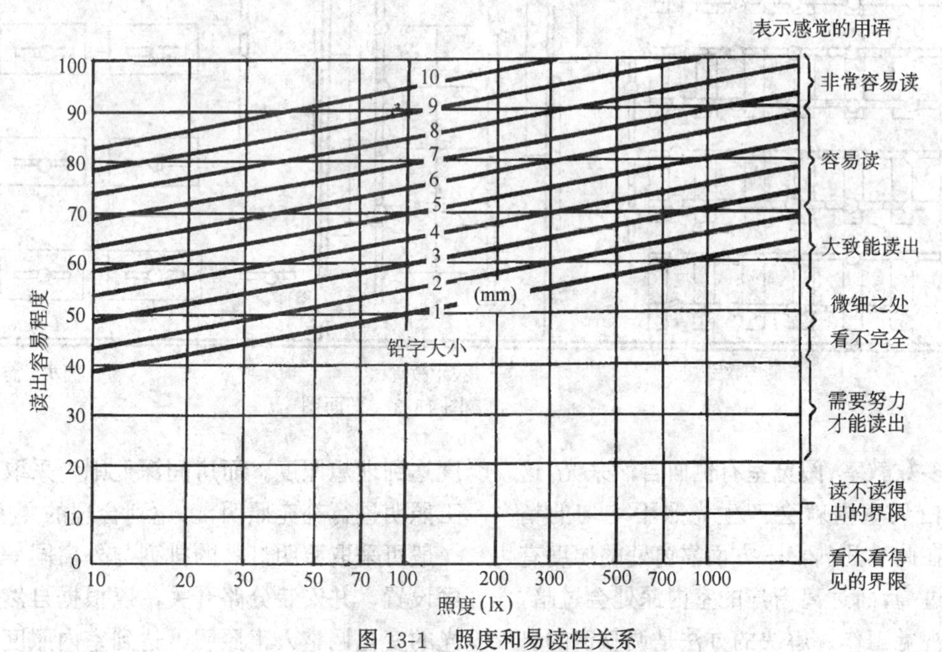

图 13-1　照度和易读性关系

(当汉字和背景的亮度比为 80%，观察视标距离为 30cm 时)

图书馆建筑照明的照度标准值　表 13-1

类　别	参考平面及其高度	照度标准值（lx）		
		低	中	高
一般阅览室、少年儿童阅览室、研究室、装裱修整间、美工室	0.75m 水平面	150	200	300
老年读者阅览室、善本书和舆图阅览室	0.75m 水平面	200	300	500
陈列室、目录厅（室）、出纳厅（室）、视听室、缩微阅览室	0.75m 水平面	75	100	150
读者休息室	0.75m 水平面	30	50	75
书　库	0.25m 垂直面	20	30	50
开敞式运输传送设备	0.75m 水平面	50	75	100

中小学校建筑照明的照度标准　表 13-2

类　别	照度标准值（lx）	备　注
普通教室、书法教室、语言教室、音乐教室、史地教室、合班教室	150	课桌面
实验室、自然教室	150	实验课桌面
微型电子计算机教室	200	机台面
琴　房	150	谱架面
舞蹈教室	150	地　面
美术教室、阅览室	200	课桌面
风雨操场	100	地　面
办公室、保健室	150	桌　面
饮水处、厕所、走道、楼梯间	20	地　面

注：1. 本表系引自现行的《中小学校建筑设计规范》；
2. 本照度标准中只规定一个指标，在使用中可认为是中间值。

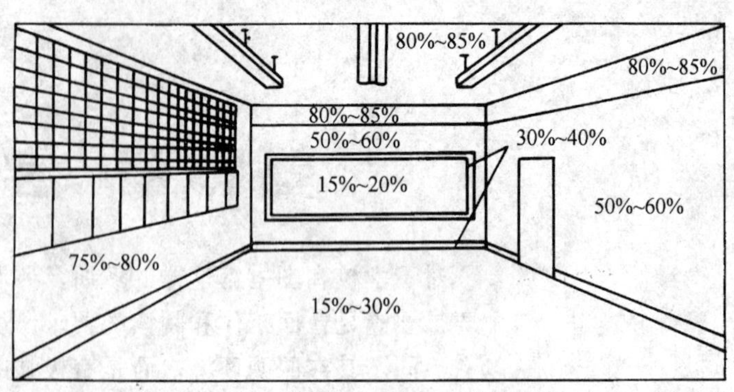

图 13-2　教室内墙面色彩及反射率

教室各表面应用明亮的无光泽的色彩装修，以造成明亮而稳重的室内环境。反射率按图中的数据设计。室内的色彩调节设计可用以下颜色、顶棚（白色），墙面（高年级用浅蓝色或浅绿色，低年级用浅黄或浅红色），地面（用耐脏而不刺眼的颜色）。

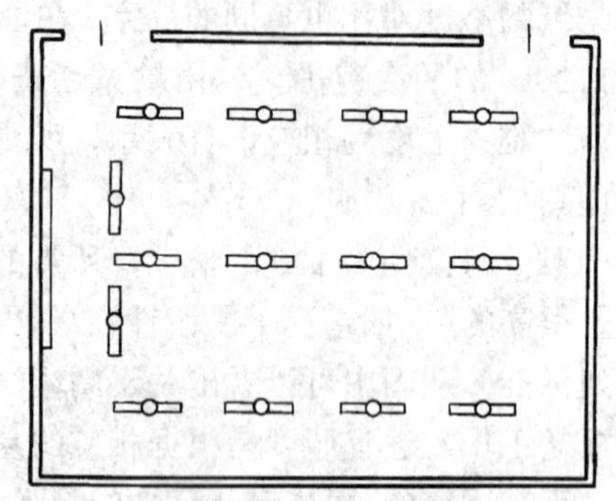

普通教室天花平面图

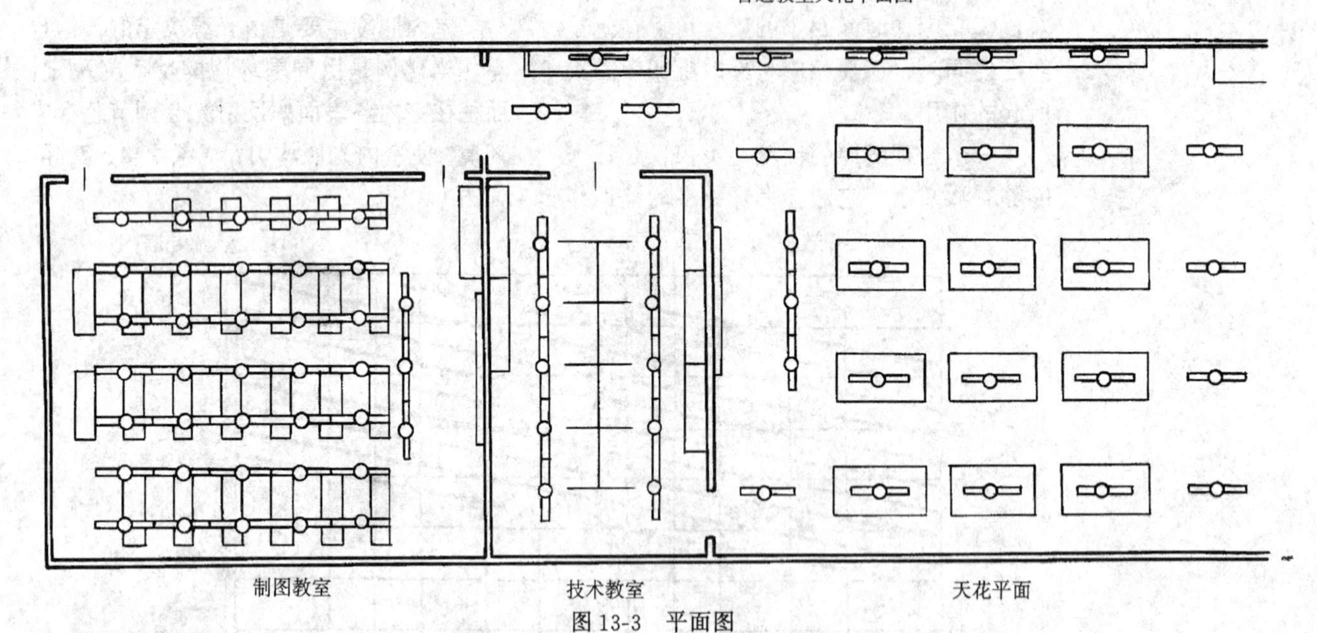

图 13-3　平面图

多数教室、阅览室有侧面自然采光，这样在白天室内就会产生光照不均匀的情况，在此空间内，一方面靠窗处的照度有时会过高，而远离窗户的室内深处会过暗，影响视觉工作。解决的办法是调整窗的自然采光，如遮挡自然光等手法，使窗前照度达到理想照度。而房间深处则应采取人工照明进行补充照明，以达到合理的照度。一般可采取照明灯具的排列与外窗同一顺序设置，并安装分路开关，以根据自然采光的变化调整人工照明，达到室内照度的均匀。如图 13-3。

学生的视浅范围内。从教师方面考虑，照射黑板的灯具，其位置应在教师水平视线仰角 45°以上，当教师在黑板上书写时不应有反射眩光。如图 13-4、图 13-5。

13.2 灯具设置

教室和阅览室的灯具设置要从两个方面来进行考虑，一方面是要使工作面得到足够的照度，另一方面是要避免眩光。

教室照明宜采用蝙蝠翼式和非对称配光灯具，布灯原则应采取与学生视线相平行，并安装在课桌间的通道上方，与课桌面的垂直距离不应小于 1.7m，这样照度比较均匀，眩光少，可减少光幕反射。教室黑板应设专用照明灯具，加强黑板的局部照度，灯具选择斜照式投光，使黑板表面布光均匀。从学生方面考虑，要求不能由黑板产生反射眩光，使学生能够看清黑板上的内容，照射黑板的灯具光源不能进入学生的视浅范围内。从教师方面考虑，照射黑板的灯具，其位置应在教师水平视线仰角 45°以上，当教师在黑板上书写时不应有反射眩光。如图 13-4、图 13-5。

黑板照明灯具的位置由 l 变到 L 以上，第一排学生会看到黑板上的反射眩光，而灯具位置在 l 以上时不仅会有更多的学生看到黑板上的反射眩光，灯具光源也会进入背向黑板的教师的视线范围，从而产生眩光。

光线与视线所夹角度愈小，愈宜产生光幕现象，从而降低视觉识别物体的能力，而避免这种情况的办法是使视线与光线的夹角达到 40°以上，或对光源进行遮挡。

有时眩光是由视野内的亮度比值过

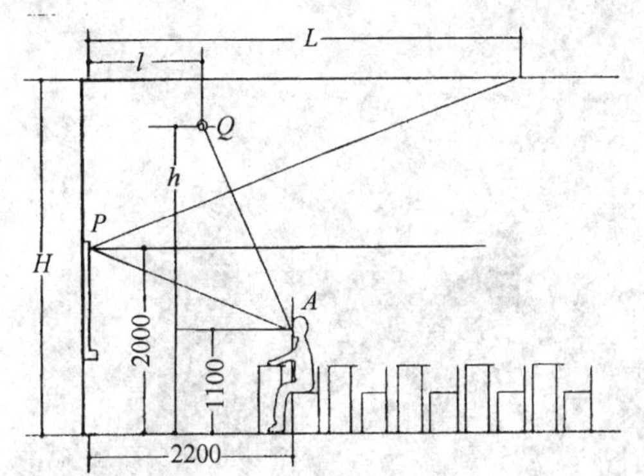

对学生来说，要易看清黑板，无眩光。图中黑板照明灯具的位置由l变到L以上时，第一排学生会产生反射眩光

(a)

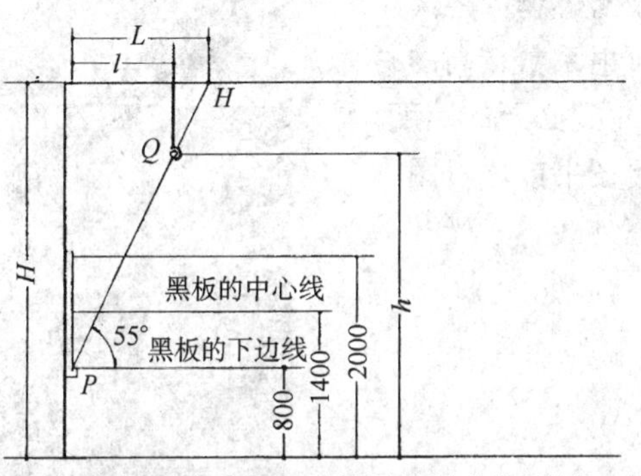

黑板面垂直照度要高，上下左右的照度分布要均匀，所以在决定黑板照明灯具的位置时如图所示，黑板下边的仰角应在55°左右

(b)

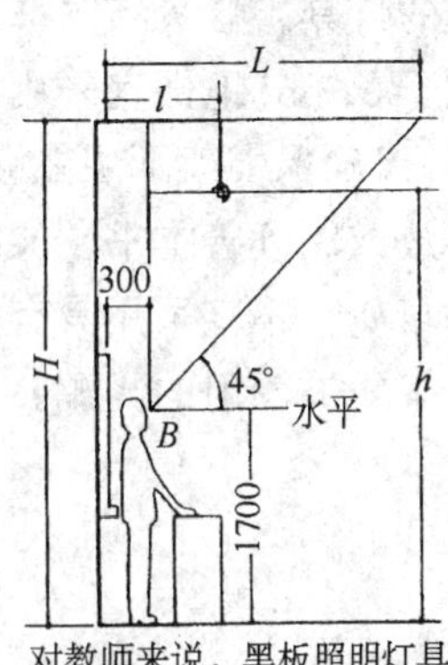

对教师来说，黑板照明灯具的位置应在水平视线以上的仰角45°以外

(c)

图 13-4 教室黑板照明

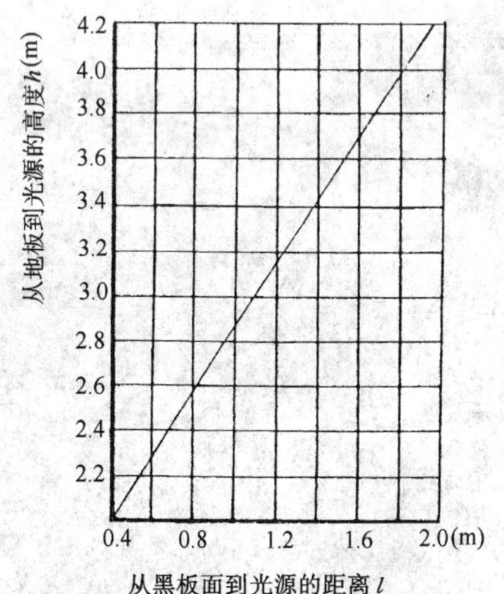

图 13-5 黑板照明灯具的高度和灯具离黑板面距离的关系

图 13-6 黑板照明

圣·保罗学校，奥尔斯特罗姆图书馆。

高，或者说是明暗对比过强而产生的，一般教室的最大亮度比值如表13-3。在设计照明时应不超过推荐值。

教室的最大亮度比　表13-3

视看对象和背景表面之间	3
视看对象和离开它的表面之间	10
灯具、窗口和附近表面之间	20
普通视野内面与面之间	40

图书馆大阅览室照明应当采用暗装式的照明灯具，避免暴露的光源进入读者的视线内而产生眩光。书库照明宜采用窄配光的灯具。灯具与图书及易燃物的距离应大于0.5m。地面宜采用反射系数较高的材料，以确保书架下层能够得到必要的照度。存放或阅读善本书、文物图书或珍贵图书的场所，不宜采用具有紫外线、紫光和蓝光等短波辐射的光源。

图13-7　图书馆照明
丹佛中央图书馆、格雷夫斯设计

图13-8　电脑图书馆照明

图13-9　大教堂照明

第 14 章　餐饮店照明

就餐饮店的功能而言很简单，只要能够满足就餐桌面上有足够的照度，并与食品相协调的光色，就能达到就餐的功能要求。但从另一方面来讲，餐饮店的照明设计就不是那么简单了，每一家餐厅、酒吧的业务种类（如中餐、西餐等不同风味）、规模、档次、功能等各不相同，店内的风格、结构、气氛也各不相同，所以要创造一种良好的气氛，适合该店风格的照明，就要在选择光源及灯具时，考虑到前面提到的那些因素，设计出与菜系、风味、档次、风格、气氛相协调的照明来。

图 14-1　餐厅照明

香港半岛酒店 FELIX 餐厅，Philippe Starck 设计。

14.1　光源的选择

对于餐饮店的环境照明而言，低照度时应采用低色温光源，随着照度变高，光源的光色为白色光则较恰当，如果在照度水平高的环境中选用低色温光源，就会产生闷热的感觉。对于低照度环境中，采用高色温的光源，就会产生阴沉的气氛见表 14-1。

光源光色的感觉　　表 14-1

相关色温（K）	光色的感觉
>5000	阴凉（带青的白色）
3300～5000	中间（白色）
<3300	暖和（带红的白色）

一般情况下，低照度时易用低色温光源。随着照度变高，就有向白色光的倾向。对照度水平高的照明设备，若用低色温光源，就会感到闷热。对照度低的环境，若用高色温的光源，就有青白的阴沉气氛。但是，为了很好地看出饭菜和饮料的颜色，应选用一定色指数高的光源。

在餐厅内为创造舒适的环境气氛，选择白炽灯作为照明光源多于荧光灯，但在陈列部分采用显色性比较好的日光色光源较合适。

图 14-2　餐厅局部照明

为了使饭菜和饮料的颜色逼真，应该选用显色指数高的光源。而好的显色性同时要在一定照度的基础上才能表现出来，根据餐饮环境及功能要求，其照度值参见表14-2、表14-3。

饮食业使用的各种光源的色温和显色指数

表14-2

种别	灯的名称	形　式	色温（K）	平均显色指数 Ra
白炽灯泡	一般照明用灯泡	LW100V100W	2850	100
	聚束灯泡	CRF100　100	2870	100
	卤化物灯泡	JL100　100	2900	100
荧光灯	白色	FL40S. W	4200	64
	日光灯	FL40S. D	6500	77
	温白色	FL40S. WW-A	3500	59
	白炽灯泡色	FL40S. WW-SF	3200	65
	高表色型	FL40S. W-DL-X	5000	92
汞灯	透明型	H400	5800	23
	荧光型	HF400X	4100	44
金属卤化物灯	高表色型	D400	5000	92
	扩散型	MF400	5000	65
高压钠灯	扩散型	NH400F	2100	28

照度标准　　表14-3

1000～500～200～100 (lx)			
○菜样陈列橱	集会厅	进口大门	走　廊
	○饭　桌	等候室	楼　梯
	○管理处	就餐室	
	○帐　房	厨　房	
	○存物台	盥洗室	
		厕　所	

注：附有○的部分是和基本照度合在一起的照度。

14.2　照明设计

餐饮环境照明同其它环境照明一样，应尽量减小眩光现象，以避免分散客人的注意，并产生不舒适的感觉。餐饮环境照明的方式、灯具的选择、明暗关系等并没有一定的要求，可以根据环境的特点来进行设计，但一般情况下，背景照明、环境照明和一般照明的照度应低于餐桌上的照度，并且在设计灯具时应尽量将光源遮挡。如图14-1～图14-6。

图14-3　香港赛利尼餐厅

低调的设计语言突出建筑的华丽。

图14-4　桌面照度

图14-5　餐桌照明

图 14-6　纽约

餐厅主人认为灯光是吸引顾客的重要一环。

图 14-7　天鹅旅馆大会门照明

图 14-8　风味餐厅照明

14.2.1　多功能宴会厅

多功能宴会厅是举行大型宴会并兼顾其它功能（如表演、讲演、会议、舞会等）的大型空间，所以照明方式要多种方式组合，并配有调光器及分路开关设备，以适应不同活动所需要的特殊照明及气氛。多功能厅一般照明的照度要均匀，在照明灯具及照明形式设计上，要突出华贵、热烈以及较强的装饰性。灯具的尺度要与空间的面积、高度等相协调，避免过于重视灯具的装饰性而忽视其尺度因素，使灯具过大，产生头重脚轻的感觉。多功能厅的照度应达到750lx，光源的显色性要高。在一些特殊的活动时可考虑光色的变化。见图14-7。

14.2.2　风味餐厅

风味餐厅是提供具有地方特色菜肴的餐厅，相应的室内环境也应具有地方特色。在照明设计上可采用以下几种方法：采用具有民族特色的灯具；利用当地材料进行灯具设计；利用当地特殊的照明方法；照明与建筑装饰结合起来，以突出室内的特色装饰。见图14-8。

14.2.3　快餐厅

快餐厅的照明可以多种多样，建筑化照明、各种样式的灯具、装饰性照明及广告照明等都可以运用。但无论采用那种照明手段，都应考虑功能作用。一般快餐厅照明应采用简洁、明快的照明方式，并使整个空间明亮、照度均匀。见图14-9。

14.2.4　酒吧、咖啡厅

酒吧照明强度要适中，酒吧后面的工作区和陈列展示部分则要求有较多的局部照明，以吸引人的注意力，并便于操作（照度在0～320lx），吧台下可设光槽对周边地面照明，给人以安定感。室内环境要暗，这样可以利用照明形成趣味，以创造不同个性。照明可仅用于桌上或装饰上。较高的照度只有在清洁工作时才需要。见图14-10～图14-11。

图 14-9　快餐厅说明

日本广场饭店、酒吧、阿尔多·罗西设计

欧洲风格的一次戏剧性出场，像一座文艺复兴时期的宫殿屹立在广场上。

图 14-10　吧台照明

图 14-11　酒吧照明

主要参考文献

1　孙建民主编．电气照明技术．第1版．北京：中国建筑工业出版社，1998

2　(荷) J.B. 波尔．D. 费舍著．室内照明．刘南山等译．第1版．北京：轻工业出版社，1989

3　电气设计规范．北京：中国建筑工业出版社，1996

4　日本照明学会编．照明手册．《照明手册》翻译组译．第1版．北京：中国建筑工业出版社，1985

(a)

(b)

图 3-31　照明与色彩

图 3-32　瑞士著名画家 Klee (1879～1940) 1932 年所作关于点与线的油画

图中微妙的色彩变化，严格地限定了光源的显色性能，在不同显色性能，在不同显色性的光源照射下，会有不同的色彩效果。

图 33-33　暖色

暖色能创造出温馨舒适的气氛

图 3-34　冷色

冷色使人清醒、使气氛严肃

图 3-35　颜色的显现

美国佛罗里达州阿密河边 SOL 饭店的大堂休息
墙面、地毯及家具都用绚丽的色彩装饰。注意顶部
不同光色照明所表现出的色彩的显示。

(a)

图3-36　室内色彩设计

(c)

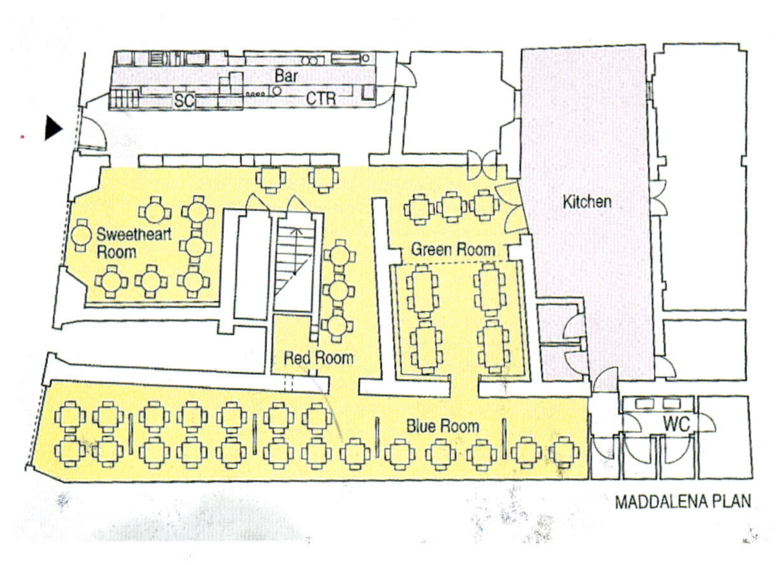

(b)

(d)

图3-36 室内色彩设计